∑BEST シグマベスト

文英堂編集部 編

文英堂

この本の特長と使い方

この本は，問題の解き方の「パターン」をくり返し練習することで，
数学の問題が自然と解けるようになるドリルです。

特長

1 スモールステップで着実に実力アップ！

1 年間の学習内容を 106 項目に細かくわけているので，つまずくことなく着実に数学ができるようになります。

2 1回はたったの1ページ！

1 回 1 ページ構成なので無理なくサクサク進めることができます。

使い方

1 例題を見て，解き方を覚える

まずは，例題を見てどのように解くかを確認しましょう。
自信がある場合は，自分で考えて解いてみるのも OK です！
考えてもわからない場合はすぐに 解 を見ましょう！

2 練習問題を解く

例題と同じように解いてみましょう。
解き方などがわからなかったら，もう一度 例題 を見直しましょう！

3 解答を見て，マルつけをする

マルつけは 1 問ごとにするのがオススメです。
解いてからすぐにマルつけをすることで，記憶に残った状態で確認をすることができます。わからなかった問題は，もう一度チャレンジしてみましょう。
最終的には 例題 の 解 や 解答 を見ずに解けることを目指しましょう！

LEVEL（難易度）を ★★★★★（基本）～ ★★★★★（発展）の5段階で表しています。
★★★★★，★★★★★，★★★★★ の順に優先的に解きましょう。

例題 基本的な問題からテストによく出る問題まで，いろいろな重要な問題が載っています。まずは解き方を確認しましょう。

解答 練習問題の答えはここにまとめています。難しい単元は1問ごとに答え合わせをしましょう。

別冊
解答集

LEVEL ★★★★★

1 符号のついた数

学習日 月 日
解答 p.2

例題1 次の数を正の符号，負の符号をつけて表しなさい。

(1) 0より7大きい数 (2) 0より11小さい数

解 (1) +7 …答　0より大きい数は正の符号＋をつけて表す。

(2) −11 …答　0より小さい数は負の符号－をつけて表す。

例題2 次の数から整数をすべて選びなさい。また，自然数をすべて選びなさい。

−3.2，5，−8，−11，0.4，0

解 整数：5，−8，−11，0 …答　0より小さい数を負の数，0より大きい数を正の数という。

自然数：5 …答　整数には，正の整数(自然数)，0，負の整数がある。

1 次の数を，正の符号，負の符号をつけて表しなさい。

(1) 0より3小さい数

(2) 0より16小さい数

(3) 0より2.9大きい数

(4) 0より$\frac{1}{4}$小さい数

(5) 0より1.5小さい数

2 次の数について，下の問いに答えなさい。

0.3，−5，−6，4，−0.7，$\frac{1}{7}$，0，$-\frac{1}{3}$，+12

(1) 整数をすべて書きなさい。

(2) 自然数をすべて書きなさい。

3 次の数について，下の問いに答えなさい。

−3，−8，4，+5，0，−8.3，$-\frac{5}{7}$

(1) 負の数をすべて書きなさい。

(2) 自然数をすべて書きなさい。

6

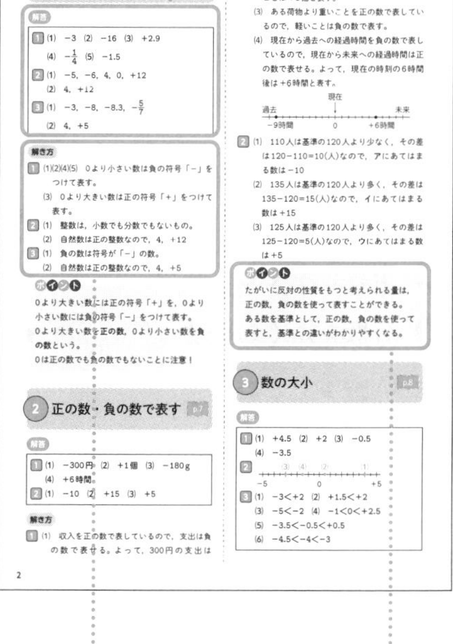

1章 正負の数

1 符号のついた数 p.6

解答

1 (1) −3 (2) −16 (3) +2.9
(4) $-\frac{1}{4}$ (5) −1.5

2 (1) −5，−6，4，0，+12
(2) 4，+12

3 (1) −3，−8，−8.3，$-\frac{5}{7}$
(2) 4，+5

解き方

1 (1)(2)(4)(5) 0より小さい数は負の符号「−」をつけて表す。
(3) 0より大きい数は正の符号「+」をつけて表す。

2 (1) 整数は，小数でも分数でもないもの。
(2) 自然数は正の整数なので，4，+12

3 (1) 負の数は符号が「−」の数。
(2) 自然数は正の整数なので，4，+5

ポイント

0より大きい数には正の符号「+」を，0より小さい数には負の符号「−」をつけて表す。
0より大きい数を正の数，0より小さい数を負の数という。
0は正の数でも負の数でもないことに注意！

2 正の数・負の数で表す p.7

解答

1 (1) −300円 (2) +1個 (3) −180g
(4) +6時間

2 (1) −10 (2) +15 (3) +5

解き方

1 (1) 収入を正の数で表しているので，支出は負の数で表せる。よって，300円の支出は−300円と表す。
(2) 少ないことを負の数で表しているので，多いことは正の数で表せる。よって，1個多いことは+1個と表す。
(3) ある荷物より重いことを正の数で表しているので，軽いことは負の数で表す。
(4) 現在から過去への経過時間を負の数で表しているので，現在から未来への経過時間は正の数で表せる。よって，現在の時刻の6時間後は+6時間と表す。

2 (1) 110人は基準の120人より少なく，その差は120−110=10(人)なので，アにあてはまる数は−10
(2) 135人は基準の120人より多く，その差は135−120=15(人)なので，イにあてはまる数は+15
(3) 125人は基準の120人より多く，その差は125−120=5(人)なので，ウにあてはまる数は+5

ポイント

たがいに反対の性質をもつと考えられる量は，正の数，負の数を使って表すことができる。
ある数を基準として，正の数，負の数を使って表すと，基準との違いがわかりやすくなる。

3 数の大小 p.8

解答

1 (1) +4.5 (2) +2 (3) −0.5
(4) −3.5

2

3 (1) −3<+2 (2) +1.5<+2
(3) −5<−2 (4) −1<0<+2.5
(5) −3.5<−0.5<+0.5
(6) −4.5<−4<−3

2

解き方 練習問題の解き方や，途中の計算のしかたが書いてあります。できなかった問題は解き方を確認してもう1度チャレンジしましょう。

練習問題です。基本的に，例題と同じ解き方で解ける問題です。くり返し練習することで，解き方をしっかりと身につけることができます。

ポイント その回の重要な知識や補足などが載っています。あわせて確認しましょう。

もくじ

1章　正負の数

LEVEL

1 符号のついた数
2 正の数・負の数で表す
3 数の大小
4 絶対値
5 加法
6 小数・分数の加法
7 加法の計算法則
8 減法
9 加法と減法
10 ３数以上の加減
11 乗法
12 除法
13 小数をふくむ乗除
14 分数をふくむ乗法
15 分数をふくむ除法
16 ３数以上の乗法
17 ３数以上の乗除
18 累乗の計算
19 四則計算①
20 四則計算②
21 分配法則
22 四則計算③
23 数の範囲と素因数分解
24 正負の数の利用

2章　文字と式

LEVEL

25 数量を文字で表す
26 積の表し方
27 商の表し方
28 数量を式で表す①
29 数量を式で表す②
30 式の値①
31 式の値②
32 項と係数
33 文字式の加法・減法①
34 文字式の加法・減法②
35 文字式の加法・減法③
36 文字式と数の乗法・除法①
37 文字式と数の乗法・除法②
38 文字式と数の乗法・除法③
39 かっこがある式の計算①
40 かっこがある式の計算②
41 数量の関係を等式に表す①
42 数量の関係を等式に表す②
43 数量の関係を不等式に表す
44 関係を表す式の意味

3章　方程式

LEVEL

45 方程式と解
46 等式の性質
47 等式の性質を使う
48 移項
49 方程式の解き方
50 いろいろな方程式①
51 いろいろな方程式②
52 いろいろな方程式③
53 比と比例式
54 方程式の利用①

4章 比例と反比例

LEVEL

5章 平面図形

LEVEL

6章 空間図形

LEVEL

7章 データの分析と活用

LEVEL

1 符号のついた数

LEVEL ★★★★★

学習日　月　日
解答 p.2

例題1 次の数を正の符号，負の符号をつけて表しなさい。

(1)　0より7大きい数　(2)　0より11小さい数

解 (1)　+7　…(答)　0より大きい数は正の符号＋をつけて表す。

(2)　−11　…(答)　0より小さい数は負の符号−をつけて表す。

例題2 次の数から整数をすべて選びなさい。また，自然数をすべて選びなさい。

−3.2，5，−8，−11，0.4，0

解 整数：5，−8，−11，0　…(答)　0より小さい数を負の数，0より大きい数を正の数という。

自然数：5　…(答)　整数には，正の整数(自然数)，0，負の整数がある。

1 次の数を，正の符号，負の符号をつけて表しなさい。

(1)　0より3小さい数

(2)　0より16小さい数

(3)　0より2.9大きい数

(4)　0より$\frac{1}{4}$小さい数

(5)　0より1.5小さい数

2 次の数について，下の問いに答えなさい。

0.3，−5，−6，4，−0.7，$\frac{1}{7}$，0，$-\frac{1}{3}$，+12

(1)　整数をすべて書きなさい。

(2)　自然数をすべて書きなさい。

3 次の数について，下の問いに答えなさい。

−3，−8，4，+5，0，−8.3，$-\frac{5}{7}$

(1)　負の数をすべて書きなさい。

(2)　自然数をすべて書きなさい。

LEVEL ★★★★★

2 正の数・負の数で表す

学習日　　月　　日
解答 p.2

例題1 A地点から東に2m進むことを+2mと表す。このとき，A地点から西に3m進むことを，正の数，負の数を使って表しなさい。

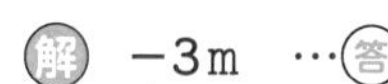

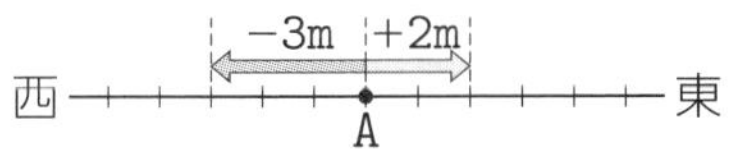

A地点から東に進んだとき正の数で表しているので，
A地点から西に進んだときは負の数で表す。

−3m　+2m
西　A　東

例題2 5教科の得点を，80点を基準として，それより高い場合は正の数，低い場合は負の数で表した。

	数学	国語	理科	社会	英語
得点(点)	82	75	92	77	83
基準(80点)との違い	+2	−5	+12	ア	イ

(1) アにあてはまる数を求めなさい。

(2) イにあてはまる数を求めなさい。

解 (1) 80−77=3(点)で基準の80点より低いから，アにあてはまる数は，−3 …答

(2) 83−80=3(点)で基準の80点より高いから，イにあてはまる数は，+3 …答

1 次の量を，正の数，負の数を使って表しなさい。

(1) 400円の収入を+400円と表すときの300円の支出

(2) 7個少ないことを−7個と表すとき，1個多いこと

(3) ある荷物より400g重いことを+400gと表すときのある荷物より180g軽いこと

(4) 現在の時刻の9時間前を−9時間と表すときの現在の時刻の6時間後

2 ある動物園での平日の入場者数を，ある人数を基準として，それより多い場合は正の数，少ない場合は負の数で表した。

	月	火	水	木	金
入場者数(人)	95	110	135	125	150
基準(120人)との違い	−25	ア	イ	ウ	+30

(1) アにあてはまる数を求めなさい。

(2) イにあてはまる数を求めなさい。

(3) ウにあてはまる数を求めなさい。

LEVEL ★★★★★

3 数の大小

学習日　月　日
解答 p.2

例題1 次の数直線で，以下の問いに答えなさい。

(1) 点A，Bに対応する数をいいなさい。

(2) 次の数を表す点はア，イ，ウのどれか。

① +1.5　② −2.5

解 (1) A…+3　B…−4　…答

(2) ①…ア　②…ウ　…答

2目もりで1だから1目もり0.5であることに注意。

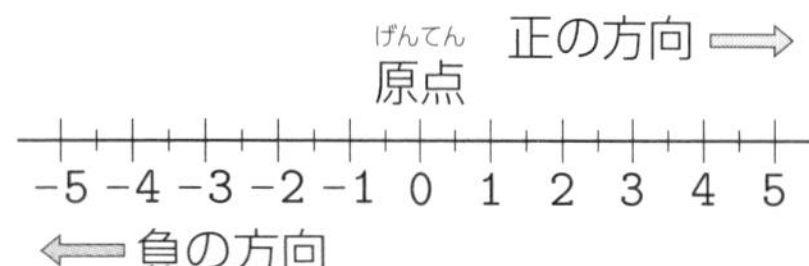

例題2 次の各組の数の大小を，不等号を使って表しなさい。

(1) −4，−2　(2) +2，0，−3

解 (1) 数直線上で，−2は−4より右にあるから，

$-4<-2$ …答

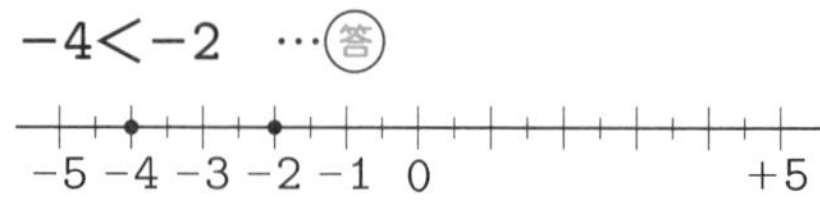

(2) 数直線上で，0は−3より右にあり，+2は0より右にあるから，

$-3<0<+2$ …答

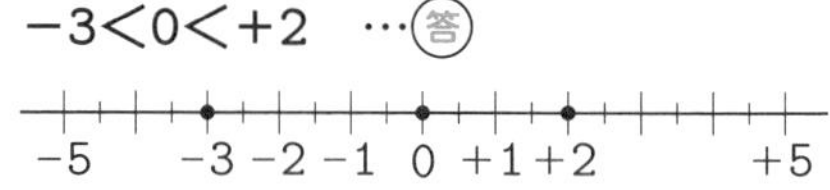

右にある数ほど大きく，左にある数ほど小さい。

1 次の数直線で，点A，B，C，Dに対応する数を書きなさい。

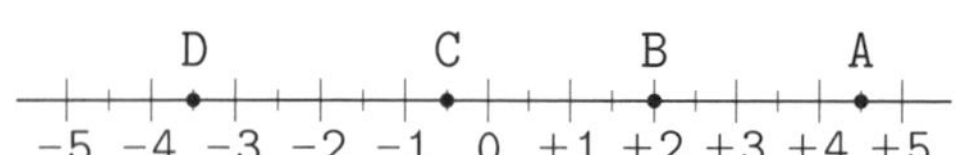

(1) A

(2) B

(3) C

(4) D

2 下の数直線に，次の数に対応する点をかき入れなさい。

(1) +4　(2) +0.5　(3) −3

(4) −1.5

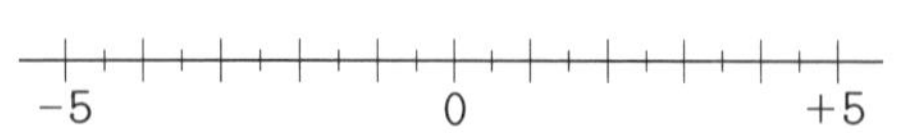

3 次の各組の数の大小を，不等号を使って表しなさい。

(1) +2，−3

(2) +1.5，+2

(3) −2，−5

(4) −1，+2.5，0

(5) −3.5，−0.5，+0.5

(6) −4，−4.5，−3

LEVEL ★★★★★

4 絶対値

学習日　　月　　日
解答 p.3

例題1 次の数の絶対値(ぜったいち)を書きなさい。

(1) +7　　(2) −4.2

解 (1) +7は原点から7の距離(きょり)にあるから，絶対値は7　…答

(2) −4.2は原点から4.2の距離にあるから，絶対値は4.2　…答

数直線上で，ある数に対応する点と原点との距離を，その数の絶対値という。

絶対値→符号のついた数から符号をとる

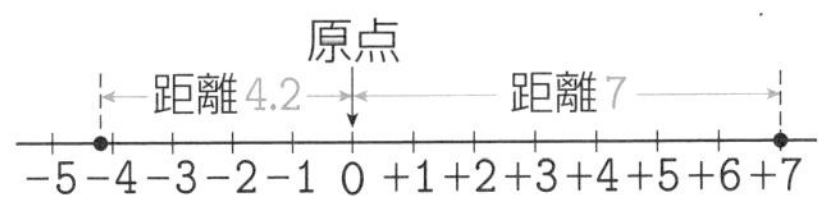

例題2 絶対値が5の数をすべて書きなさい。

解 +5，−5　…答

原点からの距離が5である数は，+5と−5の2つある。

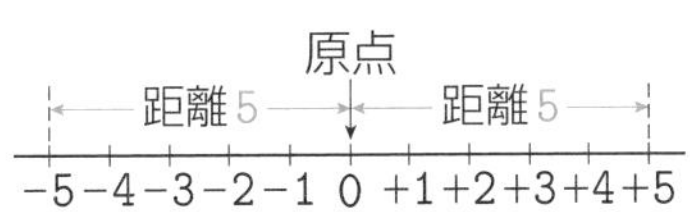

例題3 −2.5，$+\frac{5}{3}$，−1について，小さい方から順に並べなさい。

解 −2.5，−1の絶対値は，それぞれ2.5，1なので，−2.5，−1，$+\frac{5}{3}$　…答

正の数は負の数より大きい。
正の数は0より大きく，絶対値が大きいほど大きい。
負の数は0より小さく，絶対値が大きいほど小さい。

1 次の数の絶対値を書きなさい。

(1) +6

(2) −8

(3) −2.4

(4) $+\frac{2}{7}$

(5) $-\frac{7}{9}$

2 絶対値が次の数である数をすべて書きなさい。

(1) 絶対値が1

(2) 絶対値が2.7

(3) 絶対値が0

3 次の数について小さい方から順に並べなさい。

+3，−0.7，$+\frac{5}{3}$，−6，+2.1，$-\frac{1}{3}$

5 加法

LEVEL ★★★★★

学習日　　月　　日
解答 p.3

例題1 次の計算をしなさい。

(1) $(+4)+(+2)$　　(2) $(-3)+(-5)$

共通の符号

解 (1) $(+4)+(+2)=+(4+2)=+6$ …答

(2) $(-3)+(-5)=-(3+5)=-8$ …答

同符号（どうふごう）**の2つの数の和は，絶対値の和に共通の符号をつける**

例題2 次の計算をしなさい。

(1) $(+5)+(-2)$　　(2) $(-9)+(+4)$

絶対値が大きい方の符号

解 (1) $(+5)+(-2)=+(5-2)=+3$ …答

(2) $(-9)+(+4)=-(9-4)=-5$ …答

$a+0=a$，$0+a=a$

異符号（いふごう）**の2つの数の和は，絶対値の差に絶対値の大きい方の符号をつける**

1 次の計算をしなさい。

(1) $(+3)+(+7)$

(2) $(+2)+(+12)$

(3) $(-4)+(-8)$

(4) $(-11)+(-7)$

(5) $0+(-6)$

2 次の計算をしなさい。

(1) $(+4)+(-5)$

(2) $(-6)+(+3)$

(3) $(+6)+(-3)$

(4) $(-7)+(+1)$

(5) $(-3)+0$

6 LEVEL ★★★★★

小数・分数の加法

学習日 月 日

解答 p.4

例題1 次の計算をしなさい。

(1) $(-0.2)+(-1.1)$

(2) $(+1.2)+(-2.1)$

解 (1) $(-0.2)+(-1.1)=-(0.2+1.1)$

$=-1.3$ …答

(2) $(+1.2)+(-2.1)=-(2.1-1.2)$

$=-0.9$ …答

小数の加法（かほう）も整数の加法と同じように考える。

例題2 次の計算をしなさい。

(1) $\left(-\frac{1}{6}\right)+\left(-\frac{1}{3}\right)$　(2) $\left(-\frac{3}{4}\right)+\left(+\frac{1}{5}\right)$

解 (1) $\left(-\frac{1}{6}\right)+\left(-\frac{1}{3}\right)=\left(-\frac{1}{6}\right)+\left(-\frac{2}{6}\right)$

$=-\left(\frac{1}{6}+\frac{2}{6}\right)=-\frac{3}{6}=-\frac{1}{2}$ …答

(2) $\left(-\frac{3}{4}\right)+\left(+\frac{1}{5}\right)=\left(-\frac{15}{20}\right)+\left(+\frac{4}{20}\right)$

$=-\left(\frac{15}{20}-\frac{4}{20}\right)=-\frac{11}{20}$ …答

分数の加法も整数の加法と同じように考える。
分母をそろえてから計算する。

1 次の計算をしなさい。

(1) $(-2.3)+(-4.4)$

(2) $(-1.1)+(-0.9)$

(3) $(+3.2)+(-0.8)$

(4) $(-6.1)+(+1.1)$

(5) $(+6)+(-1.7)$

2 次の計算をしなさい。

(1) $\left(-\frac{2}{3}\right)+\left(-\frac{1}{4}\right)$

(2) $\left(-\frac{1}{2}\right)+\left(-\frac{7}{8}\right)$

(3) $\left(+\frac{1}{5}\right)+\left(-\frac{3}{7}\right)$

(4) $\left(-\frac{9}{4}\right)+\left(+\frac{5}{12}\right)$

(5) $(+3)+\left(-\frac{3}{4}\right)$

7 LEVEL ★★★★★ 加法の計算法則

学習日　月　日
解答 p.4

例題1 次の計算をしなさい。

(1) $(-3)+(+5)$　(2) $(+5)+(-3)$

解 (1) $(-3)+(+5)=+(5-3)=+2$ …答　(2) $(+5)+(-3)=+(5-3)=+2$ …答

(1)(2)より，$(-3)+(+5)=(+5)+(-3)$ が成り立っていることがわかる。

正負の数の加法では，正の数の場合と同様に $a+b=b+a$ が成り立つ。これを加法の交換法則(こうかんほうそく)という。

例題2 次の計算をしなさい。

(1) $\{(+6)+(-3)\}+(-7)$　(2) $(+6)+\{(-3)+(-7)\}$

解 (1) $\{(+6)+(-3)\}+(-7)=(+3)+(-7)=-4$ …答

(2) $(+6)+\{(-3)+(-7)\}=(+6)+(-10)=-4$ …答

(1)(2)より，$\{(+6)+(-3)\}+(-7)=(+6)+\{(-3)+(-7)\}$ が成り立っていることがわかる。

正負の数の加法では，正の数の場合と同様に $(a+b)+c=a+(b+c)$ が成り立つ。これを加法の結合法則(けつごうほうそく)という。

1 次の計算をしなさい。

(1) $(-6)+(+3)+(+7)$

(2) $(-2)+(-6)+(-4)$

(3) $(-4)+(+7)+(-7)$

2 次の計算をしなさい。

(1) $(-8)+(+6)+(-2)+(+4)$

(2) $(+14)+(-5)+(-3)+(-1)$

(3) $(+25)+(-18)+(+15)+(-2)$

8 減法

LEVEL ★★★★★

学習日　月　日

解答 p.4

例題 次の計算をしなさい。

(1) $(+2)-(+4)$　(2) $(-1)-(-7)$　(3) $0-(-6)$　(4) $(-4)-0$

解 (1) $(+2)-(+4)=(+2)+(-4)=-2$ …答

(2) $(-1)-(-7)=(-1)+(+7)=+6$ …答

正の数，負の数をひくことは，その数の符号を変えて加えることと同じ。
$-(+○)=+(-○)$，$-(-○)=+(+○)$

(3) $0-(-6)=0+(+6)=+6$ …答

0からある数をひくことは，その数の符号を変えることと同じ。
$0-(+a)=-a$，$0-(-a)=+a$

(4) $(-4)-0=-4$ …答

どんな数から0をひいても，差ははじめの数になる。
$(+a)-0=+a$，$(-a)-0=-a$

1 次の計算をしなさい。

(1) $(+4)-(+3)$

(2) $(+1)-(+6)$

(3) $(-3)-(+5)$

(4) $(-5)-(-1)$

(5) $0-(-7)$

2 次の計算をしなさい。

(1) $(+0.4)-(+0.9)$

(2) $(-1.1)-(-5.3)$

(3) $\left(-\frac{1}{2}\right)-\left(+\frac{1}{6}\right)$

(4) $\left(+\frac{1}{3}\right)-\left(-\frac{5}{4}\right)$

(5) $\left(-\frac{4}{5}\right)-0$

9 LEVEL ★★★★★ 加法と減法

学習日　月　日
解答 p.5

例題1 次の式をかっこのない式に直しなさい。

(1) $(-2)+(+7)$　(2) $(+4)+(-8)$　(3) $(+3)-(+5)$　(4) $(+8)-(-6)$

解 (1) $(-2)+(+7)=-2+7$ …答
(2) $(+4)+(-8)=4-8$ …答
(3) $(+3)-(+5)=3-5$ …答
(4) $(+8)-(-6)=8+6$ …答

かっこのはずし方

❶ $+(+○)=+○$　❷ $+(-○)=-○$
❸ $-(+○)=-○$　❹ $-(-○)=+○$

正の数に符号をつけずに式を表す。式のはじめの＋の符号は省略できる。

例題2 次の計算をしなさい。

(1) $2-5$　(2) $(+6)-(-9)$

解 (1) $2-5=-(5-2)=-3$ …答
(2) $(+6)-(-9)=6+9=15$ …答

かっこのない式に直してから計算するとよい。

1 次の式をかっこのない式に直しなさい。

(1) $(+2)+(+1)$

(2) $(+4)+(-10)$

(3) $(-6)+(-1)$

(4) $(+3)-(+8)$

(5) $(-5)-(-12)$

2 次の計算をしなさい。

(1) $(+1)+(-7)$

(2) $(-3)+(-6)$

(3) $-2-5$

(4) $5-(-11)$

(5) $(-4)-(-9)$

10 LEVEL ★★★★★

3数以上の加減

学習日　月　日

解答 p.5

例題1 $-4+1-8$について次の問いに答えなさい。

(1) 項(こう)を書きなさい。　(2) 正の項を書きなさい。　(3) 負の項を書きなさい。

解 (1) $-4+1-8=(-4)+1+(-8)$より，

項は，-4，1，-8 …答

加法だけの式に表したとき，それぞれの数を式の項という。

(2) 1 …答

項の中で，正の数を正の項という。

(3) -4，-8 …答

項の中で，負の数を負の項という。

例題2 次の計算をしなさい。

(1) $-4+1-8$　(2) $-6-(-9)+(-4)$

解 (1) $-4+1-8=(-4-8)+1=-12+1=\mathbf{-11}$ …答

正の項の和と負の項の和をそれぞれ先に求めてから計算すると計算しやすい。

(2) $-6-(-9)+(-4)=-6+9-4=(-6-4)+9=-10+9=\mathbf{-1}$ …答

項だけを並べた式に表してから計算するとよい。

1 $-2+6-1$について次の問いに答えなさい。

(1) 項を書きなさい。

(2) 正の項を書きなさい。

(3) 負の項を書きなさい。

2 次の計算をしなさい。

(1) $-7-(-1)-3$

(2) $(+4)+(-2)-(+5)-(-2)$

(3) $7-(-1)+6-(+9)$

11 LEVEL ★★★★★

乗法

学習日　　月　　日

解答 p.5

例題1 次の計算をしなさい。

(1) $(+2)\times(+7)$　　(2) $(-3)\times(-6)$

解 (1) $(+2)\times(+7)=+(2\times7)=14$ …答

(2) $(-3)\times(-6)=+(3\times6)=18$ …答

$a\times0=0,\ a\times1=a$

同符号の2つの数の積は，絶対値の積に正の符号をつける

例題2 次の計算をしなさい。

(1) $(+5)\times(-3)$　　(2) $(-4)\times(+8)$

解 (1) $(+5)\times(-3)=-(5\times3)=-15$ …答

(2) $(-4)\times(+8)=-(4\times8)=-32$ …答

$0\times a=0,\ 1\times a=a$

異符号の2つの数の積は，絶対値の積に負の符号をつける

1 次の計算をしなさい。

(1) $(+2)\times(+9)$

(2) 3×11

(3) $(-8)\times(-3)$

(4) $(-12)\times(-4)$

(5) $(-3)\times0$

2 次の計算をしなさい。

(1) $(+7)\times(-5)$

(2) $1\times(-6)$

(3) $(-13)\times(+3)$

(4) -5×10

(5) $0\times(-8)$

12 LEVEL ★★★★★ 除法

学習日　月　日
解答 p.6

例題1 次の計算をしなさい。

(1) $(+12)\div(+4)$　(2) $(-21)\div(-3)$

解 (1) $(+12)\div(+4)=+(12\div4)=3$ …答
(2) $(-21)\div(-3)=+(21\div3)=7$ …答

同符号の2つの数の商は，絶対値の商に正の符号をつける

例題2 次の計算をしなさい。

(1) $(+16)\div(-8)$　(2) $(-30)\div(+2)$

解 (1) $(+16)\div(-8)=-(16\div8)=-2$ …答
(2) $(-30)\div(+2)=-(30\div2)=-15$ …答

異符号の2つの数の商は，絶対値の商に負の符号をつける

$0\div a=0$

1 次の計算をしなさい。

(1) $(+15)\div(+5)$

(2) $(+60)\div(+4)$

(3) $(-32)\div(-4)$

(4) $(-54)\div(-9)$

(5) $(-84)\div(-7)$

2 次の計算をしなさい。

(1) $(+25)\div(-5)$

(2) $(+48)\div(-6)$

(3) $(-40)\div(+4)$

(4) $(-81)\div(+3)$

(5) $0\div(-9)$

13 LEVEL ★★★★★ 小数をふくむ乗除

学習日　　月　　日
解答 p.6

例題1 次の計算をしなさい。

(1) $(-1.2)\times(-0.3)$　(2) $2.3\times(-0.6)$

解 (1) $(-1.2)\times(-0.3)=+(1.2\times0.3)$
$=0.36$ …答

(2) $2.3\times(-0.6)=-(2.3\times0.6)$
$=-1.38$ …答

小数の乗法(じょうほう)も整数の乗法と同じように考える。

例題2 次の計算をしなさい。

(1) $3.5\div(-0.7)$　(2) $(-5.1)\div0.3$

解 (1) $3.5\div(-0.7)=-(3.5\div0.7)$
$=-5$ …答

(2) $(-5.1)\div0.3=-(5.1\div0.3)$
$=-17$ …答

小数の除法(じょほう)も整数の除法と同じように考える。

1 次の計算をしなさい。

(1) $(-2.4)\times(-4)$

(2) $(-0.6)\times1.7$

(3) $3.8\times(-0.2)$

(4) $(-2.1)\times(-7.4)$

(5) $(-7.5)\times1.2$

2 次の計算をしなさい。

(1) $(-6.6)\div(-6)$

(2) $(+5.4)\div(-0.9)$

(3) $(-25.2)\div0.7$

(4) $(-3.64)\div(-1.4)$

(5) $2.38\div(-0.28)$

14 LEVEL ★★★★★ 分数をふくむ乗法

学習日　月　日
解答 p.6

例題　次の計算をしなさい。

(1) $\frac{5}{8}\times\frac{4}{7}$　(2) $\left(-\frac{3}{4}\right)\times\frac{2}{7}$　(3) $\left(-\frac{6}{5}\right)\times\left(-\frac{2}{3}\right)$

解 (1) $\frac{5}{8}\times\frac{4}{7}=+\frac{5\times4}{8\times7}=\frac{5\times\overset{1}{\cancel{4}}}{\underset{2}{\cancel{8}}\times7}=\frac{5}{14}$ …答

(2) $\left(-\frac{3}{4}\right)\times\frac{2}{7}=-\left(\frac{3}{4}\times\frac{2}{7}\right)=-\frac{3\times2}{4\times7}=-\frac{3\times\overset{1}{\cancel{2}}}{\underset{2}{\cancel{4}}\times7}=-\frac{3}{14}$ …答

(3) $\left(-\frac{6}{5}\right)\times\left(-\frac{2}{3}\right)=+\left(\frac{6}{5}\times\frac{2}{3}\right)=\frac{6\times2}{5\times3}=\frac{\overset{2}{\cancel{6}}\times2}{5\times\underset{1}{\cancel{3}}}=\frac{4}{5}$ …答

分数の乗法も整数の乗法と同じように考える。

1 次の計算をしなさい。

(1) $\frac{5}{8}\times\left(-\frac{3}{10}\right)$

(2) $\left(-\frac{7}{4}\right)\times\left(-\frac{1}{3}\right)$

(3) $\left(-\frac{6}{11}\right)\times\left(-\frac{5}{8}\right)$

(4) $\left(-\frac{16}{27}\right)\times\left(-\frac{9}{20}\right)$

2 次の計算をしなさい。

(1) $(-12)\times\frac{1}{3}$

(2) $\left(-\frac{5}{18}\right)\times(-8)$

(3) $0.7\times\left(-\frac{4}{21}\right)$

(4) $(-1.5)\times\left(-\frac{5}{6}\right)$

15 LEVEL ★★★★★

分数をふくむ除法

学習日　月　日
解答 p.6

例題1 次の数の逆数(ぎゃくすう)を求めなさい。

(1) $-\frac{2}{7}$　(2) -4　(3) -0.1

解 (1) $\left(-\frac{2}{7}\right)\times\left(-\frac{7}{2}\right)=1$ より，

$-\frac{2}{7}$ の逆数は $-\frac{7}{2}$ …答

(2) $(-4)\times\left(-\frac{1}{4}\right)=1$ より，

-4 の逆数は $-\frac{1}{4}$ …答

(3) $-0.1=-\frac{1}{10}$ で，$\left(-\frac{1}{10}\right)\times(-10)=1$

より，

-0.1 の逆数は -10 …答

2つの数の積が1になるとき，一方の数を，他方の数の逆数という。

逆数→分母と分子を入れかえたもの

例題2 次の計算をしなさい。

(1) $\frac{5}{6}\div\left(-\frac{10}{9}\right)$　(2) $\left(-\frac{9}{7}\right)\div(-3)$

解 (1) $\frac{5}{6}\div\left(-\frac{10}{9}\right)=\frac{5}{6}\times\left(-\frac{9}{10}\right)=-\left(\frac{5}{6}\times\frac{9}{10}\right)$

$=-\frac{3}{4}$ …答

(2) $\left(-\frac{9}{7}\right)\div(-3)=\left(-\frac{9}{7}\right)\div\left(-\frac{3}{1}\right)$

$=\left(-\frac{9}{7}\right)\times\left(-\frac{1}{3}\right)=+\left(\frac{9}{7}\times\frac{1}{3}\right)$

$=\frac{3}{7}$ …答

わる数を逆数にして，わり算をかけ算にする。

1 次の数の逆数を求めなさい。

(1) $-\frac{5}{8}$

(2) $-\frac{11}{4}$

(3) -8

(4) -1

(5) -0.9

(6) -2.6

2 次の計算をしなさい。

(1) $\frac{7}{12}\div\left(-\frac{5}{6}\right)$

(2) $\left(-\frac{4}{15}\right)\div\left(-\frac{8}{7}\right)$

(3) $\left(-\frac{14}{15}\right)\div(-7)$

(4) $\left(-\frac{9}{10}\right)\div0.6$

16 LEVEL ★★★★★

3数以上の乗法

学習日　月　日

解答 p.7

例題1 次の計算をしなさい。

(1) $5\times(-11)\times(-2)$

(2) $(-1)\times3\times(-4)\times(-2)$

解 (1) 3つ以上の数の積の符号は，負の数が偶数（ぐうすう）個のとき正の符号となるので，

$5\times(-11)\times(-2)=+(5\times11\times2)$

$=+(55\times2)$

$=110$ …答

(2) 3つ以上の数の積の符号は，負の数が奇数（きすう）個のとき負の符号となるので，

$(-1)\times3\times(-4)\times(-2)$

$=-(1\times3\times4\times2)$

$=-24$ …答

負の数の個数から符号を決める。

例題2 次の計算をしなさい。

(1) $(-7)\times8$　(2) $8\times(-7)$

(3) $\{3\times(-15)\}\times(-2)$

(4) $3\times\{(-15)\times(-2)\}$

解 (1) $(-7)\times8=-(7\times8)=-56$ …答

(2) $8\times(-7)=-(8\times7)=-56$ …答

$(-7)\times8=8\times(-7)$

が成り立っていることがわかる。

正の数の乗法と同様に，$a\times b=b\times a$という乗法の交換法則が成り立つ。

(3) $\{3\times(-15)\}\times(-2)$

$=(-45)\times(-2)=90$ …答

(4) $3\times\{(-15)\times(-2)\}$

$=3\times30=90$ …答

$\{3\times(-15)\}\times(-2)=3\times\{(-15)\times(-2)\}$

が成り立っていることがわかる。

正の数の乗法と同様に，$(a\times b)\times c=a\times(b\times c)$という乗法の結合法則が成り立つ。

1 次の計算をしなさい。

(1) $(-4)\times(+5)\times(-9)$

(2) $(-2)\times(+7)\times(+3)$

(3) $(-2)\times(-3)\times6\times(-3)$

(4) $(-8)\times(-5)\times(-5)\times(-7)$

2 くふうして計算しなさい。

(1) $(-17)\times(-25)\times4$

(2) $(-125)\times21\times8$

(3) $(-5)\times61\times(-2)$

(4) $4\times\left(-\frac{1}{3}\right)\times(-6)$

17 LEVEL ★★★★★

3数以上の乗除

学習日　　月　　日

解答 p.7

例題　次の計算をしなさい。

(1)　$-60\div(-25)\div(-3)$　　(2)　$(-10)\div\left(-\frac{5}{2}\right)\times2$

解 (1)　$-60\div(-25)\div(-3)=-60\div\left(-\frac{25}{1}\right)\div\left(-\frac{3}{1}\right)=-60\times\left(-\frac{1}{25}\right)\times\left(-\frac{1}{3}\right)=-\left(60\times\frac{1}{25}\times\frac{1}{3}\right)$

負の数が奇数個

$=-\frac{4}{5}$　…答

(2)　$(-10)\div\left(-\frac{5}{2}\right)\times2=(-10)\times\left(-\frac{2}{5}\right)\times2=+\left(10\times\frac{2}{5}\times2\right)=8$　…答

負の数が偶数個

乗法と除法の混じった式では，乗法だけの式に直し，次に，結果の符号を決めてから計算する。

1　次の計算をしなさい。

(1)　$(-18)\times(-6)\div12$

(2)　$(-13)\div26\div(-9)$

(3)　$\frac{2}{3}\times\left(-\frac{9}{7}\right)\div(-6)$

(4)　$-\frac{6}{17}\div(-16)\times(-34)$

2　次の計算をしなさい。

(1)　$15\div\frac{25}{7}\times(-4)$

(2)　$6\times\left(-\frac{3}{10}\right)\div\left(-\frac{8}{15}\right)$

(3)　$(-21)\div\left(-\frac{7}{12}\right)\div\left(-\frac{27}{25}\right)$

(4)　$\frac{9}{14}\div\left(-\frac{3}{8}\right)\div\left(-\frac{6}{7}\right)$

18 LEVEL ★★★★★ 累乗の計算

学習日　月　日
解答 p.8

1章 正負の数

例題1　次の計算をしなさい。

(1) $(-5)^2$　(2) -3^3

解 (1) $(-5)^2=(-5)\times(-5)=25$ …答

(2) $-3^3=-(3\times3\times3)=-27$ …答

3×3のように同じ数を何個かかけたものを累乗(るいじょう)といい，右上に小さくかいたものを指数(しすう)という。$3\times3=3^2$のように表す。

例題2　次の計算をしなさい。

(1) $(-4)^2\div2^3$　(2) $(3\times2)^2$

解 (1) $(-4)^2\div2^3=16\div8=2$ …答

(2) $(3\times2)^2=6^2=36$ …答

かっこの中と累乗は先に計算する。

1 次の計算をしなさい。

(1) 7^2

(2) 10^3

(3) $(-8)^2$

(4) -8^2

(5) -1.1^2

(6) $\left(-\frac{2}{5}\right)^2$

2 次の計算をしなさい。

(1) $2\times(-3)^2$

(2) $-7^2\div14$

(3) $3^4\div(-6)^2$

(4) $(-2\times4)^2$

(5) $\{-1\times3\times(-3)\}^2$

19 LEVEL ★★★★★ 四則計算①

学習日　月　日
解答 p.8

例題1 次の計算をしなさい。

(1) $13-3\times2$　(2) $-11+6\div3$

解 (1) $13-3\times2=13-6=7$ …答

(2) $-11+6\div3=-11+2=-9$ …答

四則(しそく)(+, −, ×, ÷)が混じった式では，乗法(×)，除法(÷)を先に計算する。

例題2 次の計算をしなさい。

(1) $7+2\times(-3^2)$

(2) $18\times(-2)+3\times(-2)^2$

解 (1) $7+2\times(-3^2)$

$=7+2\times(-9)=7+(-18)=-11$ …答

(2) $18\times(-2)+3\times(-2)^2$

$=18\times(-2)+3\times4$

$=-36+12=-24$ …答

累乗のある式の計算では，累乗を先に計算する。

1 次の計算をしなさい。

(1) $-14+4\times(-2)$

(2) $22-(-8)\div(-4)$

(3) $14\div(-7)-2\times8$

(4) $18\div(-3)+(-16)\div2$

2 次の計算をしなさい。

(1) -5^2+3^3

(2) $36-6\times3^2$

(3) $5\times4^2-(-7)^2$

(4) $6^2\div(-9)-4\times(-1)^3$

LEVEL ★★★★★

20 四則計算②

学習日　月　日

解答 p.9

例題 次の計算をしなさい。

(1) $(8-3^2)\times5-9$　(2) $2\times\{-6+(7-11)\}$

解 (1) $(8-3^2)\times5-9=(8-9)\times5-9$
$=(-1)\times5-9$
$=-5-9$
$=-14$ …答

(2) $2\times\{-6+(7-11)\}=2\times\{-6+(-4)\}$
$=2\times(-10)$
$=-20$ …答

かっこの中・累乗→乗法・除法(×，÷)→加法・減法(げんぽう)(+，−)の順に計算する

1 次の計算をしなさい。

(1) $4\times(2-7)$

(2) $3^2-(7-5)\times9$

(3) $(2\times5-4^2)\times(-2)$

(4) $-4\times(5^2-15)-(-6)$

2 次の計算をしなさい。

(1) $\{4-3\times(-6)\}-(1-7)$

(2) $-2\times\{2\times(3-4)\}$

(3) $8+\{(4-2)^3-5\times2\}$

21 LEVEL ★★★★★ 分配法則

学習日　月　日
解答 p.9

例題　次の計算をしなさい。

(1) $\left(-\frac{2}{3}+\frac{1}{4}\right)\times 12$　　(2) $7\times 28-17\times 28$

解 (1) $\left(-\frac{2}{3}+\frac{1}{4}\right)\times 12=-\frac{2}{3}\times 12+\frac{1}{4}\times 12=-8+3=\mathbf{-5}$ …答

(2) $7\times 28-17\times 28=\{7+(-17)\}\times 28=-10\times 28=\mathbf{-280}$ …答

分配法則(ぶんぱいほうそく)を利用して計算するとよい。

$(a+b)\times c=a\times c+b\times c,\quad c\times(a+b)=c\times a+c\times b$

1 次の計算をしなさい。

(1) $\left(\frac{1}{2}+\frac{3}{4}\right)\times 8$

(2) $\left(-\frac{5}{6}-\frac{1}{9}\right)\times(-18)$

(3) $21\times\left(\frac{1}{3}-\frac{3}{7}\right)$

(4) $-30\times\left(\frac{7}{10}+\frac{7}{6}\right)$

2 次の計算をしなさい。

(1) $62\times(-11)+62\times 111$

(2) $34\times 36-44\times 36$

(3) $2.41\times(-88)-2.41\times 12$

(4) $103\times(-31)$

22 LEVEL ★★★★★ 四則計算③

学習日　月　日
解答 p.9

例題 次の計算をしなさい。

(1) $3-\frac{1}{3}\times(-6)$　　(2) $(-3)^2\div\frac{3}{4}+\frac{1}{2}$

解 (1) $3-\frac{1}{3}\times(-6)=3-(-2)=3+2=5$ …答

(2) $(-3)^2\div\frac{3}{4}+\frac{1}{2}=9\div\frac{3}{4}+\frac{1}{2}=9\times\frac{4}{3}+\frac{1}{2}=12+\frac{1}{2}=\frac{24}{2}+\frac{1}{2}=\frac{25}{2}$ …答

かっこの中・累乗→乗除(×, ÷)→加減(+, −)の順に計算する。

1 次の計算をしなさい。

(1) $(-6)\div9-9\div12$

(2) $\left(-\frac{1}{4}\right)\times(-8)+2\div\frac{1}{3}$

(3) $4\times\left(\frac{1}{3}-\frac{1}{4}\div3\right)$

(4) $-\frac{1}{3}\div\frac{2}{5}-\frac{3}{4}\div\left(-\frac{9}{2}\right)$

2 次の計算をしなさい。

(1) $5\div(-2)^3-\frac{1}{4}\times3$

(2) $\left(-\frac{4}{3}\right)^2+\frac{1}{3}\times\frac{7}{9}$

(3) $\frac{2}{3}\times\left(-\frac{1}{2}\right)^2-\frac{1}{2}\div\left(-\frac{4}{5}\right)$

(4) $\left\{-\frac{2}{3}-(-1)^2\right\}\times\frac{1}{2}+\left(-\frac{1}{6}\right)^2$

23 LEVEL ★★★★★ 数の範囲と素因数分解

学習日　月　日
解答 p.10

例題1 下の表の○は，その集合の中でいつでも計算ができることを示している。たとえば数の集合では，加法，減法，乗法，除法がいつでも計算できるので○がついている。その集合の中だけでいつでも計算できるときには○，そうとは限らないときには△を下の表にかき入れなさい。

	加法	減法	乗法	除法
自然数	○	ア	○	イ
整数	○	○	○	ウ
数	○	○	○	○

解 アについて，$2-5=-3$は，自然数とならないので，アの計算は必ず自然数になるとはいえない。よって，△ …答

イについて，$5\div2=2.5$より△ …答

ウについて，$-3\div2=-1.5$より△ …答

例題2 次の自然数について，素数なら○，素数でないなら×を書きなさい。

(1) 3　(2) 8

解 (1) 3の約数は1，3より○ …答

(2) 8は，2を約数にもつから× …答

1とその数のほかに約数がない自然数を素数という。1は素数にふくめない。また，2より大きい偶数は2を約数に持つので素数ではない。

例題3 次の自然数を素因数分解しなさい。

(1) 21　(2) 12

解 もとの自然数を素数だけの積で表す。

(1) $21=3\times7$ …答

(2) $12=2\times2\times3=2^2\times3$ …答

$$\begin{array}{r|l} 3 & 21 \\ \hline & 7 \end{array} \qquad \begin{array}{r|l} 2 & 12 \\ \hline 2 & 6 \\ \hline & 3 \end{array}$$

1 次の計算の中で，答えが必ず整数になるものをすべて選びなさい。

㋐ 整数＋整数　㋑ 整数－整数

㋒ 整数×整数　㋓ 整数÷整数

2 次の自然数について，素数なら○，素数でないなら×を書きなさい。

(1) 11

(2) 27

(3) 45

3 次の自然数を素因数分解しなさい。

(1) 18

(2) 35

(3) 72

(4) 120

LEVEL ★★★★★

24 正負の数の利用

学習日　月　日
解答 p.10

例題 ある中学校の図書の貸し出し冊数について，30冊を基準にして，それより多い場合は正の数，少ない場合は負の数で表した。あとの問いに答えなさい。

曜日	月	火	水	木	金
基準との違い(冊)	+4	−7	−11	−8	+12

(1) 貸し出し冊数が最も多い曜日とその冊数を答えなさい。
(2) 貸し出し冊数が最も少ない曜日とその冊数を答えなさい。
(3) 5日間の貸し出し冊数の平均を求めなさい。

解 (1) 最も多い曜日は**金曜日**で，30+12=**42(冊)** …答
(2) 最も少ない曜日は**水曜日**で，30−11=**19(冊)** …答
(3) 30+(+4−7−11−8+12)÷5=30+(−10)÷5=30+(−2)=**28(冊)** …答

1 あるゲームを，Aさん，Bさん，Cさん，Dさん，Eさんが行った。下の表は，Aさんの得点である70点を基準として，それより高い場合は正の数，低い場合は負の数で表した。あとの問いに答えなさい。

	A	B	C	D	E
Aとの違い(点)	0	+11	−8	−11	+3

(1) ゲームの得点が最も高い人の得点を答えなさい。

(2) ゲームの得点が最も低い人の得点を答えなさい。

(3) 5人の得点の平均を求めなさい。

2 ある水族館での1週間の入場者数を，100人を基準として，それより多い場合は正の数，少ない場合は負の数で表した。あとの問いに答えなさい。

	月	火	水	木
基準との違い(人)	−25	−22	−7	−18
	金	土	日	
基準との違い(人)	+4	+75	+91	

(1) 入場者数が最も多い曜日の人数を答えなさい。

(2) 入場者数が最も少ない曜日の人数を答えなさい。

(3) 7日間の入場者数の平均を求めなさい。

LEVEL ★★★★★

25 数量を文字で表す

学習日　月　日
解答 p.11

例題 次の数量を表す文字式を書きなさい。

(1) 1個120円のボールをx個買ったときの代金

(2) agの荷物を5個，bgの荷物を2個の7個の荷物の合計の重さ

解 (1) (ボールのねだん)×(個数)より，
$120\times x$(円) …答

ボールの個数	代金
1	120×1
2	120×2
3	120×3
⋮	⋮
x	$120\times x$

(2) agの荷物が5個の重さは，$a\times5$(g)で，
bgの荷物が2個の重さは，$b\times2$(g)だから，
7個の合計の重さは，$a\times5+b\times2$(g) …答

5個　2個
ag　bg
$a\times5$(g)　$b\times2$(g)

1 次の数量を表す文字式を書きなさい。

(1) 1本x円のえんぴつを7本買ったときの代金

(2) amのテープを6等分したときの1つ分の長さ

(3) 平行四辺形の底辺が$a$cm，高さが8cmのときの面積

(4) 1辺が$x$cmのひし形の周りの長さ

2 次の数量を表す文字式を書きなさい。

(1) 1個a円のケーキを3個と，b円の箱を買った代金の合計

(2) 1個100円のりんごa個と，3円の袋(ふくろ)をb枚買った代金の合計

(3) 長方形の縦の長さが$a$cm，横の長さが$b$cmのときの周りの長さ

(4) $x$cmのひもから$y$cmのひもを11本切り取ったときの残りの長さ

26 積の表し方

学習日 月 日

解答 p.11

例題1 次の式を，文字式の表し方にしたがって表しなさい。

(1) $a\times3$ (2) $x\times1$ (3) $a\times b\times a$ (4) $(x+y)\times6$

解 かけ算の記号×を省いて書く。

(1) $a\times3=3a$ …答 数を文字の前に書く。

(2) $x\times1=1x=x$ …答 $1\times a=a,\ a\times1=a$

(3) $a\times b\times a=a^2b$ …答 同じ文字の積は，指数を使って書く。 ふつう，文字はアルファベット順に書く。

(4) $(x+y)\times6=6(x+y)$ …答

例題2 次の式を，記号×を使って表しなさい。

(1) $7ab$ (2) $2c^2$

解 (1) $7ab=7\times a\times b$ …答 (2) $2c^2=2\times c^2=2\times c\times c$ …答

1 次の式を，文字式の表し方にしたがって表しなさい。

(1) $-4\times a$

(2) $x\times y\times(-2)$

(3) $b\times(-1)$

(4) $x\times y\times y$

(5) $b\times a\times\frac{2}{3}\times a$

2 次の式を，文字式の表し方にしたがって表しなさい。

(1) $7\times(a-9)$

(2) $(x+y)\times(-8)$

3 次の式を，記号×を使って表しなさい。

(1) $4xy$

(2) $-3a^2b$

27 LEVEL ★★★★★ 商の表し方

学習日 月 日
解答 p.12

例題1 $a\div5$ を，文字式の表し方にしたがって表しなさい。

解 $a\div5=\dfrac{a}{5}$ …答　分数の形で書く。（分子 a，分母 5）

例題2 $\dfrac{x+y}{6}$ を，記号÷を使って表しなさい。

解 $\dfrac{x+y}{6}=(x+y)\div6$ …答　かっこをつけることに注意。

例題3 $x\times(-3)+y\div7$ を，文字式の表し方にしたがって表しなさい。

解 積と商の表し方にしたがって，

$x\times(-3)+y\div7=-3x+\dfrac{y}{7}$ …答

例題4 $-2(a+b)-\dfrac{c}{4}$ を，記号×，÷を使って表しなさい。

解 $-2(a+b)-\dfrac{c}{4}$

$=-2\times(a+b)-c\div4$ …答

1 次の式を，文字式の表し方にしたがって表しなさい。

(1) $5\div a$

(2) $(x+y)\div2$

2 次の式を，記号÷を使って表しなさい。

(1) $\dfrac{4}{t}$

(2) $\dfrac{a+b+c}{3}$

3 次の式を，文字式の表し方にしたがって表しなさい。

(1) $6\div x-y\times0.1$

(2) $(3\times a-b\times4)\div c$

4 次の式を，記号×，÷を使って表しなさい。

(1) $1500-100a^2$

(2) $\dfrac{x}{9}+7(2x-5)$

28 LEVEL ★★★★★ 数量を式で表す①

学習日 月 日

解答 p.12

例題1 次の数量を表す式を書きなさい。

2000円を出して，1個x円のプリンを6個買ったときのおつり

解 おつりは，(出したお金)−(代金)であり，1個x円のプリン6個の代金は$x\times6=6x$(円)だから，$2000-6x$(円) …答

例題2 次の数量を表す式を書きなさい。

$a$kmの道のりを，時速20kmの自転車で走ったときのかかった時間

解 時間は，(道のり)÷(速さ)で求められるので，$a\div20=\dfrac{a}{20}$(時間) …答

1 次の数量を表す式を書きなさい。

(1) 1冊a円のノートをb冊買ったときの代金

(2) 1000円札を出して，1本120円のボールペンをx本買ったときのおつり

(3) 1枚a円のクッキーを6枚と1個b円のドーナツを3個買ったときの代金の合計

(4) 8人がx円ずつ出して，1800円の品物を買ったときの残ったお金

2 次の数量を表す式を書きなさい。

(1) 分速80mでa分間歩いたときの進んだ道のり

(2) xm離(はな)れた学校まで，分速70mで歩いたときにかかった時間

(3) $x$kmの道のりを3時間で進んだときの，速さ

(4) 40kmの道のりを時速15kmでa時間進んだときの残りの道のり

LEVEL ★★★★★

29 数量を式で表す②

学習日　月　日
解答 p.13

例題1 次の数量を表す式を書きなさい。

面積がxm²の公園の3%の面積である花だんの面積

公園の面積の3%

解 割合3%を分数で表すと，$\frac{3}{100}$だから，

花だんの面積は，$x\times\frac{3}{100}=\frac{3}{100}x$(m²)…答

例題2 ケーキ1個の値段がa円であるとき，$1500-5a$は何を表していますか。

解 $5a=a\times5$であり，これはケーキ5個の代金を表しているから，$1500-5a$は，

(例)1500円を出して，ケーキを5個買ったときのおつり …答

を表している。

1 次の数量を表す式を書きなさい。

(1) ある動物の重さが$a$kgであるときの45%の重さ

(2) 中学1年生がx人のとき，その4割の人数

(3) a円のおもちゃを2割引きで買ったときの代金

(4) 昨日の水族館の来場者数はx人だった。今日の来場者数は昨日に比べて7%増えた。このときの，今日の来場者数

2 ある動物園の入館料は，おとながx円，子どもがy円である。このとき，次の式は何を表していますか。

(1) $2x+3y$(円)

(2) $x-y$(円)

(3) $2000-(x+2y)$(円)

3 円周率とは$\frac{円周}{直径}$のことで，この値をπ(パイ)と表す。小数で表すと3.141592…………と限りなく続く数である。
半径が$r$cmの円について，次の式は何を表していますか。

$r$cm

(1) πr^2(cm²)

(2) $2\pi r$(cm)

30 式の値①

学習日　月　日
解答 p.13

例題 $x=-3$のとき，次の式の値(あたい)を求めなさい。

(1) $3x+1$　(2) $\dfrac{9}{x}$　(3) $-x^2$

解 (1) $3x+1=3\times(-3)+1=-9+1=-8$ …答

(2) $\dfrac{9}{x}=\dfrac{9}{-3}=-\dfrac{9}{3}=-3$ …答

(3) $-x^2=-(-3)^2=-9$ …答

負の数を代入(だいにゅう)するときは，かっこを付けて代入することに注意。

1 $a=5$のとき，次の式の値を求めなさい。

(1) $3a$

(2) $6-2a$

(3) $\dfrac{10}{a}$

(4) a^2

2 $x=-4$のとき，次の式の値を求めなさい。

(1) $-2x+5$

(2) $6-x$

(3) $-\dfrac{6}{x}$

(4) $8-x^2$

2章 文字と式

31 LEVEL ★★★★★ 式の値②

学習日　月　日
解答 p.14

例題 $x=2$，$y=-3$のとき，$3x-4y$の値を求めなさい。

解 $3x-4y=3\times2-4\times(-3)=6+12=18$ …答

2文字の場合も，1文字の場合と同様に代入する。

1 $x=2$，$y=7$のとき，次の式の値を求めなさい。

(1) $2x+y$

(2) $4x-3y$

(3) $\frac{4}{x}+2y$

(4) $5x^2-y$

(5) $\frac{5}{2}x-2y$

2 $a=4$，$b=-6$のとき，次の式の値を求めなさい。

(1) $2a+b$

(2) $-3a-2b$

(3) $\frac{3}{2}a-\frac{1}{3}b$

(4) $-\frac{5}{6}a-b$

(5) $\frac{12}{a}-\frac{9}{b}$

32 LEVEL ★★★★★ 項と係数

学習日　月　日
解答 p.14

例題1 式$\frac{x}{2}-y+4$について，次の問いに答えなさい。

(1) 項を書きなさい。

(2) 文字を含む項について，係数(けいすう)を書きなさい。

解 (1) $\frac{x}{2}-y+4=\frac{x}{2}+(-y)+4$より，

$\frac{x}{2}$，$-y$，4 …答

(2) $\frac{x}{2}=\frac{1}{2}x$であり，$-y=(-1)\times y$だから，

xの係数は$\frac{1}{2}$，yの係数は-1 …答

例題2 次の式の中で，1次式を選びなさい。

ア　$2x$　　イ　$3xy+4$

ウ　$6x-4y+9$　　エ　$3x^2-y$

解 ア　$2x$（1次の項）　　イ　$3xy+4$（1次の項でない）

ウ　$6x+(-4y)+9$（1次の項）　　エ　$3x^2+(-y)$（1次の項でない）

したがって，ア，ウ …答

1次の項（文字が1つだけの項）だけの式，または，1次の項と数の項の和で表される式を1次式という。

1 次の式について，式の項を書きなさい。また，文字を含む項について，係数を書きなさい。

(1) $2x-11$

項＿＿＿＿

係数＿＿＿＿

(2) $x-4y$

項＿＿＿＿

係数＿＿＿＿

(3) $-\frac{7}{6}a+\frac{b}{4}+8$

項＿＿＿＿

係数＿＿＿＿

2 次の式について，1次式のときは○を，1次式ではないときは×を書きなさい。

(1) $\frac{1}{5}x$　＿＿＿＿

(2) $4a-3b+6$　＿＿＿＿

(3) $x-y$　＿＿＿＿

(4) $\frac{x}{3}+2x^2$　＿＿＿＿

(5) $16x-9xy+8y$　＿＿＿＿

33 LEVEL ★★★★★ 文字式の加法・減法①

学習日 月 日

解答 p.15

例題 次の計算をしなさい。

(1) $-4a+2a$ (2) $6x+4-2x-7$

解 (1) $-4a+2a=(-4+2)a=\mathbf{-2a}$ …答

(2) $6x+4-2x-7=6x-2x+4-7=(6-2)x+(4-7)=\mathbf{4x-3}$ …答

文字の部分が同じ項は，$mx+nx=(m+n)x$を使って，まとめて計算することができる

1 次の計算をしなさい。

(1) $5x+2x$

(2) $-6a-a$

(3) $4x-9x$

(4) $-0.5a+2a$

(5) $\frac{1}{4}x-\frac{5}{6}x$

2 次の計算をしなさい。

(1) $3x-6+6x$

(2) $-8a-4+3a$

(3) $2x-8-6x+11$

(4) $5y-10+y-8$

(5) $12a+2-6-a$

34 LEVEL ★★★★★ 文字式の加法・減法②

学習日 月 日

解答 p.15

例題 次の計算をしなさい。

(1) $4x+(2x-3)$ (2) $4x-(2x-3)$

解 (1) $4x+(2x-3)=4x+2x-3=6x-3$ …答

+( )→そのままかっこを外し，各項の和として表す

(2) $4x-(2x-3)=4x-2x+3=2x+3$ …答

−( )→かっこの中の各項の符号を変えたものを和として表す

1 次の計算をしなさい。

(1) $3x+(4x-1)$

(2) $-2y+(2-6y)$

(3) $4x-5+(-2x+1)$

(4) $\frac{1}{2}x-8+\left(-\frac{3}{2}x+9\right)$

2 次の計算をしなさい。

(1) $6x-(3x-6)$

(2) $4-(-5a+1)$

(3) $12x+8-(6-x)$

(4) $\frac{2}{3}x-3-\left(\frac{1}{4}x-7\right)$

35 LEVEL ★★★★★ 文字式の加法・減法③

学習日　月　日

解答 p.15

例題　次の2つの式をたしなさい。また，左の式から右の式をひきなさい。

$4x-6$，$2x+1$

解　$4x-6$ に $2x+1$ をたす

$(4x-6)+(2x+1)=4x-6+2x+1$

$=6x-5$　…答

$$\begin{array}{r} 4x-6 \\ +)\ 2x+1 \\ \hline 6x-5 \end{array}$$

$4x-6$ から $2x+1$ をひく

$(4x-6)-(2x+1)=4x-6-2x-1$

$=2x-7$　…答

$$\begin{array}{r} 4x-6 \\ -)\ 2x+1 \\ \hline 2x-7 \end{array} \rightarrow \begin{array}{r} 4x-6 \\ +)\ -2x-1 \\ \hline 2x-7 \end{array}$$

1 次の2つの式をたしなさい。

(1)　$3x+2$，$4x+5$

(2)　$6a-1$，$2a+7$

(3)　$x-4$，$-x+1$

(4)　$-5x+9$，$-2x-8$

2 左の式から右の式をひきなさい。

(1)　$3x+2$，$4x+5$

(2)　$6a-1$，$2a+7$

(3)　$x-4$，$-x+1$

(4)　$-5x+9$，$-2x-8$

36 LEVEL ★★★★★ 文字式と数の乗法・除法①

例題1 次の計算をしなさい。

(1) $3x\times6$ (2) $2a\times(-4)$

解 (1) $3x\times6=3\times x\times6$

$=3\times6\times x$

$=18x$ …答

(2) $2a\times(-4)=2\times a\times(-4)$

$=2\times(-4)\times a$

$=-8a$ …答

例題2 次の計算をしなさい。

(1) $15x\div3$ (2) $-6a\div\left(-\frac{2}{3}\right)$

解 (1) $15x\div3$

$=15x\times\frac{1}{3}=5x$ …答

(2) $-6a\div\left(-\frac{2}{3}\right)=-6a\times\left(-\frac{3}{2}\right)$

$=9a$ …答

数でわることは，その数の逆数をかけることと同じ。

1 次の計算をしなさい。

(1) $4x\times(-3)$

(2) $-a\times7$

(3) $-6x\times(-8)$

(4) $18a\times\frac{2}{9}$

(5) $-\frac{2}{5}x\times15$

2 次の計算をしなさい。

(1) $24x\div8$

(2) $-16a\div(-4)$

(3) $-7x\div7$

(4) $12a\div\left(-\frac{4}{9}\right)$

(5) $-\frac{21}{10}x\div\left(-\frac{7}{5}\right)$

LEVEL ★★★★★

37 文字式と数の乗法・除法②

学習日　月　日

解答 p.16

例題1 次の計算をしなさい。

(1) $2(3x-6)$　(2) $\frac{1}{4}(8a-12)$

解 (1) $2(3x-6)=2\times3x+2\times(-6)$

$=6x-12$ …答

(2) $\frac{1}{4}(8a-12)=\frac{1}{4}\times8a+\frac{1}{4}\times(-12)$

$=2a-3$ …答

分配法則 $a(b+c)=ab+ac$ を利用する

例題2 次の計算をしなさい。

(1) $(21x+7)\div7$　(2) $(18a+6)\div\left(-\frac{3}{2}\right)$

解 (1) $(21x+7)\div7=(21x+7)\times\frac{1}{7}$

$=21x\times\frac{1}{7}+7\times\frac{1}{7}$

$=3x+1$ …答

(2) $(18a+6)\div\left(-\frac{3}{2}\right)$

$=(18a+6)\times\left(-\frac{2}{3}\right)$

$=18a\times\left(-\frac{2}{3}\right)+6\times\left(-\frac{2}{3}\right)$

$=-12a-4$ …答

分配法則 $(a+b)c=ac+bc$ を利用する

1 次の計算をしなさい。

(1) $-3(x+3)$

(2) $(2a-10)\times(-5)$

(3) $\frac{3}{4}(4y-16)$

(4) $(15b-10)\times\left(-\frac{2}{5}\right)$

2 次の計算をしなさい。

(1) $(32x+8)\div8$

(2) $(-12a+20)\div(-4)$

(3) $(30y+20)\div\frac{5}{2}$

(4) $(32b-16)\div\left(-\frac{8}{3}\right)$

38 LEVEL ★★★★★ 文字式と数の乗法・除法③

学習日　　月　　日
解答 p.17

例題 $\frac{4x-1}{3}\times6$ を計算しなさい。

解 $\frac{4x-1}{3}\times6=\frac{(4x-1)\times6}{3}=\frac{(4x-1)\times\overset{2}{\cancel{6}}}{\underset{1}{\cancel{3}}}=(4x-1)\times2=8x-2$ …答

2章 文字と式

1 次の計算をしなさい。

(1) $\frac{2a+3}{5}\times15$

(2) $\frac{3x-5}{6}\times12$

(3) $\frac{-a+7}{3}\times(-18)$

(4) $\frac{9x-4}{8}\times(-24)$

2 次の計算をしなさい。

(1) $18\times\frac{3a-1}{6}$

(2) $20\times\frac{6x-7}{2}$

(3) $-25\times\frac{2a-6}{5}$

(4) $-21\times\frac{-3x-5}{7}$

39 LEVEL ★★★★★ かっこがある式の計算①

学習日　月　日

解答 p.17

例題　次の計算をしなさい。

(1) $2(x-4)+4(2x-1)$

(2) $6(x-3)-2(2x+4)$

解 (1) $2(x-4)+4(2x-1)=2x-8+8x-4$

$=10x-12$ …答

(2) $6(x-3)-2(2x+4)=6x-18-4x-8$

$=2x-26$ …答

かっこをはずし，文字の部分が同じ項をまとめる。

1 次の計算をしなさい。

(1) $3(2x+1)+4(x+5)$

(2) $2(6a-9)+5(-8a-7)$

(3) $11(2x-3)+6(-7x+8)$

2 次の計算をしなさい。

(1) $7(-a+2)-2(3a+4)$

(2) $6(4-x)-5(2x+3)$

(3) $17(a-2)-11(3a-5)$

40 かっこがある式の計算②

LEVEL ★★★★★

学習日　月　日

解答 p.17

例題 次の計算をしなさい。

(1) $\frac{1}{5}(10x-5)+\frac{1}{3}(3x+6)$

(2) $\frac{1}{2}(4x-2)-\frac{2}{3}(9x+3)$

解 (1) $\frac{1}{5}(10x-5)+\frac{1}{3}(3x+6)=\frac{1}{5}\times 10x-\frac{1}{5}\times 5+\frac{1}{3}\times 3x+\frac{1}{3}\times 6$

$=2x-1+x+2$

$=3x+1$ …答

(2) $\frac{1}{2}(4x-2)-\frac{2}{3}(9x+3)=\frac{1}{2}\times 4x-\frac{1}{2}\times 2-\frac{2}{3}\times 9x-\frac{2}{3}\times 3$

$=2x-1-6x-2$

$=-4x-3$ …答

1 次の計算をしなさい。

(1) $\frac{1}{2}(4x-2)-3(2x+1)$

(2) $\frac{1}{6}(-12a+6)-(2a-9)$

(3) $3(4-x)+\frac{1}{5}(20x-10)$

2 次の計算をしなさい。

(1) $\frac{1}{4}(-8a+12)-\frac{2}{3}(6a-9)$

(2) $\frac{3}{2}(4x-6)+\frac{1}{7}(7x+21)$

(3) $-\frac{5}{3}(9a+6)-\frac{3}{10}(30a-20)$

41 LEVEL ★★★★★ 数量の関係を等式に表す①

学習日　月　日
解答 p.18

例題　次の数量の関係を等式(とうしき)に表しなさい。

(1)　1個a円のケーキを2個，1個b円のプリンを5個買ったときの代金の合計は1080円である。

(2)　$a$kgの荷物Aは$b$kgの荷物Bより2kg重い。

解 (1)　ケーキの代金は$a\times2=2a$(円)で，プリンの代金は$b\times5=5b$(円)だから，
その合計の金額は$2a+5b$(円)と表される。
よって，$2a+5b=1080$　…答　ケーキ2個の代金＋プリン5個の代金＝代金の合計

(2)　荷物Aは荷物Bより2kg重いことから，$a$kgと$(b+2)$kgが等しいことになる。
よって，$a=b+2$　…答
（別解）　荷物Aと荷物Bは荷物Aの方が重く，その差は2kgだから，
$a-b=2$　…答と表すこともできる。

1 次の数量の関係を等式に表しなさい。

(1)　1本x円のボールペン2本と，1本70円のえんぴつ6本の代金の合計は810円である。

(2)　ある長方形の紙の縦の長さ$x$cmは，横の長さ$y$cmより7cm長い。

(3)　aを2倍した数とbとの和は13になる。

2 次の数量の関係を等式に表しなさい。

(1)　2000円を出して，1個220円のドーナツをa個買うとおつりはb円である。

(2)　ある数aを2乗して5をたした数は，ある数bを3でわった数に等しい。

(3)　4人でパーティーをする。1人a円ずつ出し合うと，2000円の花束を1束と1個b円のクッキー10個をちょうど買うことができた。

数量の関係を等式に表す②

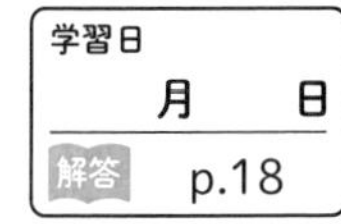

例題 **amの道のりを分速80mでb分歩くと残りの道のりは680mだった。このとき，次の問いに答えなさい。**

(1) この数量の関係を線分図に表しなさい。

(2) 数量の関係を等式に表しなさい。

解 (1) (歩いた道のり)＋(残りの道のり)＝(合計の道のり)となる。

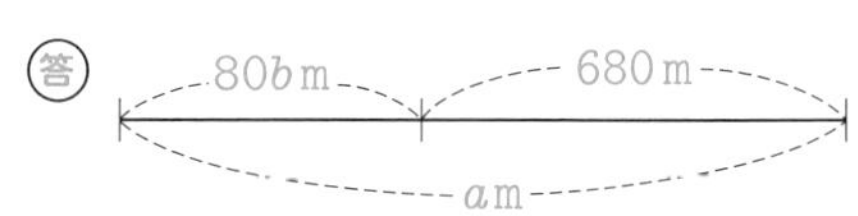

歩いた道のりは，(道のり)＝(速さ)×(時間)より，$80\times b=80b$(m) よって，線分図は右の図のようになる。

答

(2) (1)より，$80b+680=a$ …答

1 **1本$x$cmのテープ5本分は，1本$y$cmのテープ3本分よりも12cm長い。このときの数量の関係を下の図のように表した。次の問いに答えなさい。**

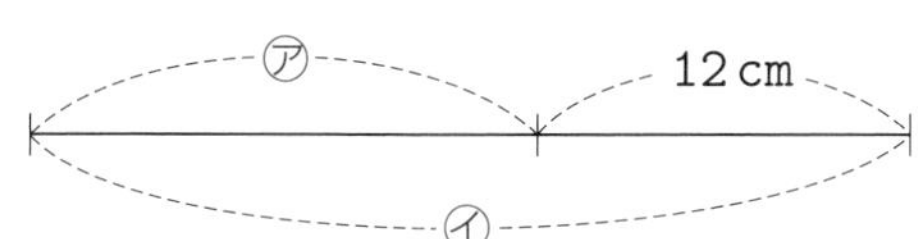

(1) アにあてはまる文字式を答えなさい。

(2) イにあてはまる文字式を答えなさい。

(3) 数量の関係を等式に表しなさい。

2 **a枚あるおりがみをb人の子どもたちに，1人3枚ずつ分けると8枚余った。次の問いに答えなさい。**

(1) 数量の関係を線分図で表しなさい。

(2) 数量の関係を等式に表しなさい。

43 LEVEL ★★★★★

数量の関係を不等式に表す

学習日　　月　　日

解答 p.18

例題 次の数量の関係を不等式(ふとうしき)に表しなさい。

(1) ある数xに9をたした数は，5より小さい。

(2) 1個$a$kgの荷物Aが3個，1個$b$kgの荷物Bが6個の荷物の合計は10kg以上になる。

解 (1) ある数xに9をたした数は，$x+9$と表される。これが5より小さいので，

$x+9<5$ …答　(ある数に9をたした数)<5

$5>x+9$と表してもよい。

(2) 1個$a$kgの荷物Aが3個の重さは，$a\times3=3a$(kg)，1個$b$kgの荷物Bが6個の重さは，$b\times6=6b$(kg)となり，荷物の合計は$3a+6b$(kg)と表される。

よって，$3a+6b\geqq10$ …答　(荷物の合計)≧10

1 次の数量の関係を不等式に表しなさい。

(1) 6mのひもからamのひもを2本切り取ると，残りは3mより長い。

(2) ある数xを2倍した数は，ある数yに3をたした数より大きい。

(3) 1冊a円のノートを5冊分と1本b円のクレヨンを2本分の代金の合計は1000円では買うことができなかった。

2 次の数量の関係を不等式に表しなさい。

(1) 6人でa円ずつ出すと，合計が1000円以上になる。

(2) xとyの積に4をたした数は，20以下である。

(3) 1個a円のケーキ5個をb円の箱に入れた代金の合計は1500円あれば買うことができる。

44 関係を表す式の意味

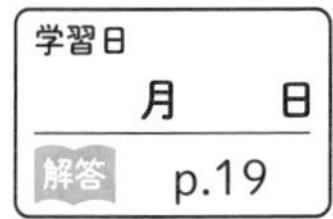

学習日　月　日
解答 p.19

例題　ある遊園地の入場料は，中学生1人がa円，小学生1人がb円である。このとき，次の式はどんなことを表していますか。

(1)　$3a+2b=5200$　　(2)　$4a+5b \leqq 9000$

解　(1)　$3a=a\times3$より，$3a$は中学生3人の入場料を表し，$2b=b\times2$より，$2b$は小学生2人の入場料を表す。その合計と5200が等しいので，

(例)中学生3人の入場料と小学生2人の入場料の合計は5200円である。 …答

(2)　$4a=a\times4$より，$4a$は中学生4人の入場料を表し，$5b=b\times5$より，$5b$は小学生5人の入場料を表す。その合計が9000以下になるので，

(例)中学生4人の入場料と小学生5人の入場料の合計は9000円以下である。 …答

1　1個agの品物A，1個bgの品物Bがある。このとき，次の式はどんなことを表していますか。

(1)　$5a+3b=700$

(2)　$b-a=20$

(3)　$3a+9b \geqq 300$

2　$a$cmのリボンから，1本$b$cmのリボンを切り取る。このとき，次の式はどんなことを表していますか。

(1)　$a-4b=26$

(2)　$a-9b \geqq 2$

(3)　$a-12b>1$

LEVEL ★★★★★

45 方程式と解

学習日　月　日

解答 p.20

例題 次の㋐～㋒の中で，解(かい)が2である方程式(ほうていしき)を選びなさい。

㋐ $2x-1=5$　㋑ $-3x+4=2$　㋒ $4x-5=7-2x$

解 $x=2$を代入したときに，(左辺)=(右辺)となるものを選ぶ。等式が成り立つ。

㋐について，(左辺)$=2\times2-1=3$，(右辺)$=5$より等式は成り立たない。

㋑について，(左辺)$=-3\times2+4=-2$，(右辺)$=2$より等式は成り立たない。

㋒について，(左辺)$=4\times2-5=3$，(右辺)$=7-2\times2=3$より，(左辺)=(右辺)となる。

よって，㋒ …答

1 次の㋐～㋒の中で，解が3である方程式を選びなさい。

㋐ $2x-5=-1$

㋑ $3x+6=0$

㋒ $-2x+5=-1$

2 次の㋐～㋒の中で，解が-2である方程式を選びなさい。

㋐ $2x-5=-1$

㋑ $3x+6=0$

㋒ $-2x+5=-1$

3 -4，0，1のうち方程式$3x-2=2-x$の解を選びなさい。

4 -4，0，1のうち方程式$6-x=-3x-2$の解を選びなさい。

46 LEVEL ★★★★★ 等式の性質

学習日　月　日
解答 p.20

例題1 次の方程式を，下の等式の性質を使って解きなさい。

等式の性質：$A=B$ならば

❶ $A+C=B+C$　❷ $A-C=B-C$

(1) $x-3=-4$　(2) $x+6=-1$

解 (1) $x-3=-4$

$x-3+3=-4+3$　❶を使う

$x=-1$ …答

(2) $x+6=-1$

$x+6-6=-1-6$　❷を使う

$x=-7$ …答

例題2 次の方程式を，下の等式の性質を使って解きなさい。

等式の性質：$A=B$ならば

❸ $AC=BC$　❹ $\frac{A}{C}=\frac{B}{C}$ $(C \neq 0)$

(1) $\frac{x}{6}=8$　(2) $-2x=10$

解 (1) $\frac{x}{6}=8$

$\frac{x}{6}\times 6=8\times 6$　❸を使う

$x=48$ …答

(2) $-2x=10$

$\frac{-2x}{-2}=\frac{10}{-2}$　❹を使う

$x=-5$ …答

1 次の方程式を解きなさい。

(1) $x-7=6$

$x-7+$[ア]$=6+$[イ]

$x=$[ウ]

(2) $x-10=5$

(3) $x+4--2$

$x+4-$[エ]$=-2-$[オ]

$x=$[カ]

(4) $x+8=2$

2 次の方程式を解きなさい。

(1) $\frac{x}{3}=9$

$\frac{x}{3}\times$[キ]$=9\times$[ク]

$x=$[ケ]

(2) $-\frac{x}{5}=2$

(3) $8x=-48$

$\frac{8x}{[コ]}=\frac{-48}{[サ]}$

$x=$[シ]

(4) $-2x=-14$

3章 方程式

47 LEVEL ★★★★★ 等式の性質を使う

学習日　月　日
解答 p.21

例題1 次の方程式を，等式の性質を使って解きなさい。

(1) $x-0.2=3.2$　(2) $x+\frac{1}{3}=-\frac{2}{3}$

解 (1)
$$x-0.2=-3.2$$
$$x-0.2+0.2=-3.2+0.2$$
$$x=-3 \quad \cdots 答$$

(2)
$$x+\frac{1}{3}=-\frac{2}{3}$$
$$x+\frac{1}{3}-\frac{1}{3}=-\frac{2}{3}-\frac{1}{3}$$
$$x=-1 \quad \cdots 答$$

例題2 次の方程式を，等式の性質を使って解きなさい。

(1) $\frac{x}{6}=\frac{1}{3}$　(2) $\frac{5}{3}x=-10$

解 (1)
$$\frac{x}{6}=\frac{1}{3}$$
$$\frac{x}{6}\times 6=\frac{1}{3}\times 6$$
$$x=2 \quad \cdots 答$$

(2)
$$\frac{5}{3}x=-10$$
$$\frac{5}{3}x\times\frac{3}{5}=-10\times\frac{3}{5}$$
$$x=-6 \quad \cdots 答$$

$x=\square$にするために，xの係数の逆数をかける。

1 次の方程式を，等式の性質を使って解きなさい。

(1) $x-0.6=2.4$

(2) $x-\frac{1}{3}=\frac{4}{3}$

(3) $x+0.6=0.4$

(4) $x+\frac{1}{2}=\frac{1}{3}$

2 次の方程式を，等式の性質を使って解きなさい。

(1) $-\frac{x}{10}=\frac{3}{5}$

(2) $-\frac{x}{6}=-\frac{5}{18}$

(3) $\frac{2}{3}x=6$

(4) $-\frac{5}{4}x=-\frac{10}{3}$

48 移項

LEVEL ★★★★★

学習日　月　日
解答 p.21

例題1 次の方程式を移項の考えを使って解きなさい。

$3x-4=8$

解 $3x-4=8$

$3x=8+4$

(左辺の -4 を右辺に移項)

$3x=12$

$\frac{3x}{3}=\frac{12}{3}$

$x=4$ …答

等式では，一方の辺の項を，符号を変えて，他方の辺に移すことができる。これを移項という。

例題2 次の方程式を移項の考えを使って解きなさい。

$4x=-x+10$

解 $4x=-x+10$

$4x+x=10$

$5x=10$

$\frac{5x}{5}=\frac{10}{5}$

$x=2$ …答

1 次の方程式を移項の考えを使って解きなさい。

(1) $2x+4=20$

(2) $8x-8=16$

(3) $-3x+5=-10$

(4) $4x+7=-5$

2 次の方程式を移項の考えを使って解きなさい。

(1) $3x=2x+6$

(2) $4x=-14-3x$

(3) $-6x=4x+30$

(4) $-2x=18-8x$

3章 方程式

49 LEVEL ★★★★★

方程式の解き方

学習日　月　日

解答 p.22

例題　方程式$12x-6=15+5x$を解きなさい。

解

$$12x-6=15+5x$$

①左辺の-6を右辺に移項，右辺の$5x$を左辺に移項

$$12x-5x=15+6$$

②整理して$ax=b$の形にする

$$7x=21$$

③両辺を7でわる

$$\frac{7x}{7}=\frac{21}{7}$$

$$x=3$$ …答

方程式の解き方

❶xをふくむ項を左辺に，数の項を右辺に移項する

❷$ax=b$の形にする

❸両辺をxの係数aでわる

1 次の方程式を解きなさい。

(1)　$4x-5=2x+1$

(2)　$6x+7=3x-2$

(3)　$-4x-3=2x+9$

(4)　$12-x=9x-8$

(5)　$15x+12=7x-20$

(6)　$11x-13=21-6x$

50 LEVEL ★★★★★ いろいろな方程式①

学習日　月　日
解答 p.22

例題　方程式 $3(x-5)=5x-3$ を解きなさい。

解　$3(x-5)=5x-3$

$3x-15=5x-3$

$3x-5x=-3+15$　　−15，$5x$ をそれぞれ移項

$-2x=12$

$\frac{-2x}{-2}=\frac{12}{-2}$

$x=-6$　…答

かっこのある方程式は，かっこをはずしてから解くとよい。

1 次の方程式を解きなさい。

(1) $2(x+3)=-x+9$

(2) $3x+3=4(6-x)$

(3) $3(x-2)=4(x+5)$

2 次の方程式を解きなさい。

(1) $3(2x-16)=2(4-x)$

(2) $12-7(x-2)=-2$

(3) $5-3(-3x-4)=-1$

3章 方程式

LEVEL ★★★★★

51 いろいろな方程式②

学習日　月　日

解答 p.22

例題1 方程式$\frac{1}{2}x=\frac{1}{4}x+2$を解きなさい。

解　xの係数を整数にするために，方程式の両辺に分母の公倍数をかける。
分母は2，4より公倍数は4だから，
両辺に4をかけると，

$$\frac{1}{2}x\times4=\left(\frac{1}{4}x+2\right)\times4$$
$$2x=x+8$$
$$2x-x=8$$
$$x=8 \quad \cdots(答)$$

例題2 方程式$0.8x+4=0.1x+1.2$を解きなさい。

解　xの係数を整数にするために，両辺に10をかけると，

$$(0.8x+4)\times10=(0.1x+1.2)\times10$$
$$8x+40=x+12$$
$$8x-x=12-40$$
$$7x=-28$$
$$x=-4 \quad \cdots(答)$$

小数をふくむ方程式は，両辺を10倍，100倍，…して小数をふくまない方程式に直して計算する。

1 次の方程式を解きなさい。

(1)　$3x=\frac{1}{2}x-5$

(2)　$\frac{1}{4}x=\frac{1}{6}x+\frac{1}{3}$

(3)　$\frac{1}{12}x+\frac{1}{4}=\frac{x}{3}-2$

2 次の方程式を解きなさい。

(1)　$0.2x-0.4=0.1x+0.3$

(2)　$3-0.4x=0.8x-3$

(3)　$0.2x+6=2.4-0.7x$

52 LEVEL ★★★★★ いろいろな方程式③

学習日　月　日
解答 p.23

例題1 方程式 $\frac{2x+5}{3}=\frac{1}{2}x+2$ を解きなさい。

解 両辺に6をかけると，

$$\frac{2x+5}{3}\times 6=\left(\frac{1}{2}x+2\right)\times 6$$

$$(2x+5)\times 2=3x+12$$

$$4x+10=3x+12$$

$$4x-3x=12-10$$

$$x=2 \quad \cdots \text{(答)}$$

例題2 方程式 $0.21x-0.15=0.2x+0.09$ を解きなさい。

解 両辺に100をかけると，

$$(0.21x-0.15)\times 100=(0.2x+0.09)\times 100$$

$$21x-15=20x+9$$

$$21x-20x=9+15$$

$$x=24 \quad \cdots \text{(答)}$$

1 次の方程式を解きなさい。

(1) $\frac{1}{3}x+1=\frac{2x+4}{5}$

(2) $\frac{4x+2}{6}=\frac{3x-2}{8}$

(3) $x-\frac{3-x}{6}=\frac{16}{3}$

2 次の方程式を解きなさい。

(1) $0.04x+0.05=0.01x+0.02$

(2) $0.13x-0.3=0.18-0.03x$

(3) $0.24x-0.56=0.5x+1$

53 LEVEL ★★★★★ 比と比例式

学習日　月　日
解答 p.23

例題 次の比例式(ひれいしき)を解きなさい。

(1) $x:8=3:4$　(2) $x:(x+2)=2:3$

解 (1) $x:8=3:4$　外項の積＝内項の積

$x\times 4=8\times 3$

$4x=24$

$x=6$ …答

$a:b=c:d$ ならば $ad=bc$ を使う

(2) $x:(x+2)=2:3$　外項の積＝内項の積

$x\times 3=(x+2)\times 2$

$3x=2x+4$

$3x-2x=4$

$x=4$ …答

1 次の比例式を解きなさい。

(1) $x:10=2:5$

(2) $3:8=6:x$

(3) $3:x=12:8$

(4) $12:18=x:12$

2 次の比例式を解きなさい。

(1) $2x:4=5:2$

(2) $3:(x+5)=1:3$

(3) $6:8=(3-2x):12$

(4) $x:(2x-4)=4:6$

54 LEVEL ★★★★★★

方程式の利用①

学習日　月　日

解答 p.24

例題　ある自然数の2倍に11をたした数は，ある自然数の4倍から1をひいた数に等しい。このとき，ある自然数を求めなさい。

解　ある自然数をxとする。
xの2倍に11をたした数は，$2x+11$，
xの4倍から1をひいた数は$4x-1$
この2つの数は等しいから，
$2x+11=4x-1$が成り立つ。
これを解くと，$x=6$
xは自然数なので，問題に適している。
よって，6　…答

方程式の利用の手順

❶問題の意味をよく考え，何をxで表すかを決める
❷問題にふくまれている数量を，xを使って表す
必要があれば図や表を使って整理する
❸数量の関係を見つけて，方程式を立てる
❹つくった方程式を解く
❺方程式の解が，問題に適しているかを確かめて答えとする

1 ある自然数を3倍して1をたした数は，ある自然数を5倍して3をひいた数に等しい。このとき，ある自然数をxとして，次の問いに答えなさい。

(1) ある自然数を3倍して1をたした数を，xを用いて表しなさい。

(2) ある自然数を5倍して3をひいた数を，xを用いて表しなさい。

(3) 方程式をつくりなさい。

(4) 方程式を解いて，ある自然数xを求めなさい。

2 ある自然数から2をひいた数を4倍した数は，ある自然数を3倍して2をひいた数に等しい。このとき，ある自然数を求めなさい。

3章 方程式

55 LEVEL ★★★★★ 方程式の利用②

学習日　月　日
解答 p.24

例題1 プリンを4個と1個240円のケーキを6個買ったときの代金は2080円だった。このとき，プリン1個の値段はいくらか求めなさい。

解　プリン1個の値段をx円とすると，

$x \times 4 + 240 \times 6 = 2080$

（$x \times 4$：プリン4個の代金，240×6：ケーキ6個の代金）

これを解くと，$x=160$

これは，問題に適している。

したがって，**160円**　…答

例題2 1個100円のみかんと1個160円のりんごをあわせて10個買ったときの代金は1180円だった。このとき，買ったみかんの個数とりんごの個数を求めなさい。

解　買ったみかんの個数をx個とすると，りんごの個数は$10-x$(個)と表される。

$100 \times x + 160 \times (10-x) = 1180$

（$100 \times x$：みかんの代金，$160 \times (10-x)$：りんごの代金）

これを解くと，$x=7$

みかん7個，りんごは，$10-7=3$(個)

これは，問題に適している。

よって，**みかん：7個，りんご：3個**　…答

1 1本110円のボールペンを何本かと1本80円のえんぴつを7本買ったときの代金は1220円だった。このとき，買ったボールペンの本数を求めなさい。

＿＿＿＿＿＿

2 2000円で，ゼリーを6個と1個120円のドーナツを4個買うとおつりは200円だった。このとき，ゼリー1個の値段を求めなさい。

＿＿＿＿＿＿

3 1個110円のみかんと1個150円のりんごをあわせて13個買ったときの代金は1590円だった。このとき，買ったみかんの個数とりんごの個数を求めなさい。

みかん＿＿＿＿＿＿

りんご＿＿＿＿＿＿

4 1本140円のボールペンと1個80円の消しゴムをあわせて14個買ったときの代金は1480円だった。このとき，買ったボールペンの本数と消しゴムの個数を求めなさい。

ボールペン＿＿＿＿＿＿

消しゴム＿＿＿＿＿＿

LEVEL ★★★★★★

56 方程式の利用③

学習日　　月　　日

解答 p.25

例題 **何人かの子どもであめを同じ数ずつ分ける。1人3個ずつ分けると4個あまり，1人4個ずつ分けると5個たりない。このとき，次の問いに答えなさい。**

(1) 子どもの人数をx人として，方程式をつくりなさい。

(2) (1)の方程式を解いて，子どもの人数ともとのあめの個数を求めなさい。

解 (1) 子どもの人数をx人とすると，1人3個ずつ分けるときの必要なあめの個数は$3\times x=3x$(個)であり，4個あまることから，あめの個数は$3x+4$(個)と表される。また，1人4個ずつ分けるときの必要なあめの個数は，$4\times x=4x$(個)であり，5個たりないことから，あめの個数は$4x-5$(個)と表される。同じあめの個数を表しているので，$\mathbf{3x+4=4x-5}$ …答

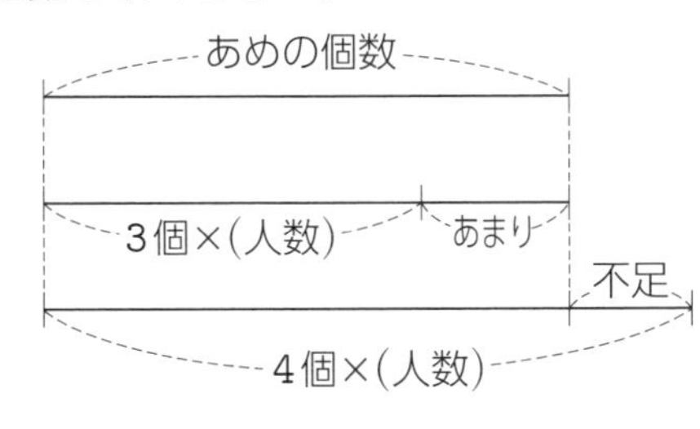

(2) (1)の方程式を解くと，$x=9$で，あめの個数は，$3\times9+4=31$(個)

これは問題に適している。よって，**子どもの人数：9人，あめの個数：31個** …答

1 **何人かの生徒で，折り紙を同じ数ずつ分ける。1人6枚ずつ分けると8枚あまり，1人8枚ずつ分けると16枚たりない。このとき，次の問いに答えなさい。**

(1) 生徒の人数をx人とする。折り紙の枚数を2通りの式で表しなさい。

(2) (1)から，方程式をつくりなさい。

(3) 方程式を解いて，生徒の人数を求めなさい。

(4) 折り紙の枚数を求めなさい。

2 **同じ値段のクッキーを何枚か買う。10枚買うと所持金では200円たりず，8枚買うと所持金が40円あまる。このとき，次の問いに答えなさい。**

(1) クッキー1枚の値段をx円として，方程式をつくりなさい。

(2) (1)の方程式を解いて，クッキー1枚の値段と所持金を求めなさい。

クッキーの値段

所持金

3章 方程式

57 LEVEL ★★★★★

方程式の利用④

学習日　月　日　解答 p.26

例題 **何人かの子どもであめを同じ数ずつ分ける。1人3個ずつ分けると4個あまり，1人4個ずつ分けると5個たりない。このとき，次の問いに答えなさい。**

(1) あめの個数をx個として，方程式をつくりなさい。

(2) (1)の方程式を解いて，あめの個数と子どもの人数を求めなさい。

解 (1) あめの個数をx個とすると，1人3個ずつ分けるとき4個あまったことから，分けるのに必要なあめの個数は$x-4$(個)であり，このときの人数は，$(x-4)\div 3=\frac{x-4}{3}$(人)と表される。また，1人4個ずつ分けるとき5個たりないことから，分けるのに必要なあめの個数は，$x+5$(個)であり，このときの人数は，$(x+5)\div 4=\frac{x+5}{4}$(人)と表される。同じ人数を表しているので，$\frac{x-4}{3}=\frac{x+5}{4}$ …答

(2) (1)の方程式を解くと，$x=31$となり，人数は，$\frac{31+5}{4}=9$(人)となる。これらは問題に適している。よって，あめの個数：**31個**，子どもの人数：**9人** …答

1 **何人かの生徒で，折り紙を同じ数ずつ分ける。1人6枚ずつ分けると8枚あまり，1人8枚ずつ分けると16枚たりない。このとき，次の問いに答えなさい。**

(1) 折り紙の枚数をx枚として，次のような方程式をつくった。左辺と右辺の式はそれぞれどのような数量を表しているか。

$$\frac{x-8}{6}=\frac{x+16}{8}$$

(2) (1)の方程式を解いて，折り紙の枚数と生徒の人数を求めなさい。

折り紙の枚数＿＿＿＿

生徒の人数＿＿＿＿

2 **同じ値段のクッキーを何枚か買う。10枚買うと所持金では200円たりず，8枚買うと所持金が40円あまる。このとき，次の問いに答えなさい。**

(1) 所持金をx円として，方程式をつくりなさい。

(2) (1)の方程式を解いて，所持金とクッキー1枚の値段を求めなさい。

所持金＿＿＿＿

クッキーの値段＿＿＿＿

58 LEVEL ★★★★★ 方程式の利用⑤

学習日　月　日
解答 p.26

例題　次の問題について，あとの問いに答えなさい。
現在，ゆいさんは12歳(さい)，ゆいさんのお母さんは37歳である。ゆいさんのお母さんの年齢(ねんれい)がゆいさんの年齢の2倍になるのは，何年後ですか。

(1)　方程式をつくりなさい。

(2)　(1)の方程式を解いて，問題の答えを求めなさい。

解 (1)　x年後のゆいさんの年齢は，$12+x$(歳)であり，お母さんの年齢は，$37+x$(歳)である。(x年後のお母さんの年齢)＝(x年後のゆいさんの年齢)×2となることから，

$$37+x=(12+x)\times2$$ …答

(2)　$37+x=24+2x$

$-x=-13$

$x=13$

これは，問題に適している。よって，13年後　…答

1　現在，ひろとさんは10歳，ひろとさんのお父さんは38歳である。ひろとさんのお父さんの年齢がひろとさんの年齢の3倍になるのは，何年後かを考える。次の問いに答えなさい。

(1)　x年後のひろとさんの年齢をxを使って表しなさい。

(2)　x年後のひろとさんのお父さんの年齢をxを使って表しなさい。

(3)　(1)(2)から，方程式をつくりなさい。

(4)　方程式を解いて，何年後かを書きなさい。

2　先生は，あおいさんより23歳年上です。今から9年後に先生はあおいさんの年齢の2倍になることがわかっている。現在のあおいさんの年齢を求めたい。次の問いに答えなさい。

(1)　あおいさんが現在x歳で，9年後に先生があおいさんの年齢の2倍になるとして方程式をつくりなさい。

(2)　(1)の方程式を解き，あおいさんの現在の年齢を書きなさい。

3章 方程式

LEVEL ★★★★★

59 方程式の利用⑥

学習日 月 日
解答 p.27

例題 次の問題について，あとの問いに答えなさい。

弟は1200m離(はな)れた図書館に向かって家を出発した。6分後に弟の忘れ物に気づいた兄が自転車で同じ道を追いかけた。弟は分速70m，兄は分速210mで進むとき，兄が弟に追いついたのは，兄が出発してから何分後ですか。

(1) 兄が家を出発してからx分後に弟に追いつくとして，方程式をつくりなさい。

(2) 方程式を解き，何分後かを書きなさい。

解 (1) 兄が家から出発してからx分後に弟に追いついたとき，兄が進んだ道のりは$210\times x=210x$(m)と表され，弟は$6+x$(分)歩いたので，弟が進んだ道のりは，$70\times(6+x)=70(6+x)$(m)と表される。追いつくとき，これらの道のりが等しくなるので，$\mathbf{210x=70(6+x)}$ …答

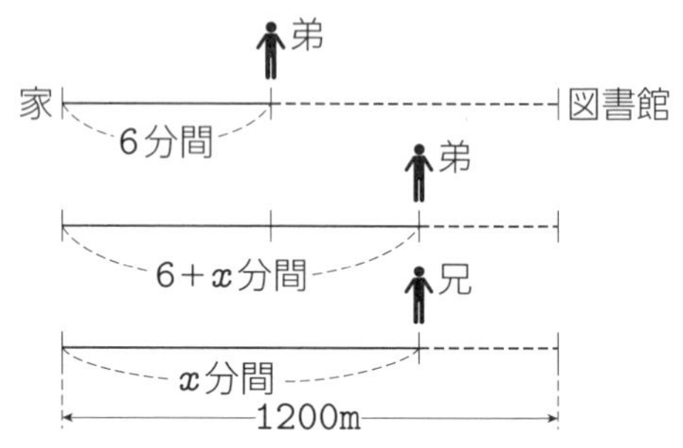

(2) これを解くと，$x=3$となり，このとき，家から進んだ道のりは，$210\times3=630$(m)となり，問題に適している。よって，**3分後** …答

1 **妹は2km離れた図書館に向かって家を出発した。12分後に妹の忘れ物に気づいた姉が自転車で同じ道を追いかけた。妹は分速80mで歩き，姉は分速240mで進むとき，姉が妹に追いついたのは，姉が出発してから何分後かを考える。次の問いに答えなさい。**

(1) 姉が家を出発してからx分後に妹に追いつくとして，妹が歩いた道のりと，姉が進んだ道のりを，それぞれxを使って表しなさい。

妹 ＿＿＿＿

姉 ＿＿＿＿

(2) (1)から方程式をつくりなさい。

＿＿＿＿

(3) 方程式を解いて，問題の答えを書きなさい。

＿＿＿＿

2 **自動車Aが時速60kmで進んでいる。ある地点Pを通ってから，1時間後に時速80kmの自動車Bが同じ地点Pを通過したとき，自動車Bが自動車Aに追いついたのは，自動車Bが地点Pを通過してから何時間後かを考える。次の問いに答えなさい。**

(1) 自動車Bが地点Pを通過してからx時間後に自動車Aに追いつくとして方程式をつくりなさい。

＿＿＿＿

(2) 方程式を解いて，問題の答えを書きなさい。

＿＿＿＿

60 LEVEL ★★★★★ 比例式の利用

学習日　月　日
解答 p.27

例題1 ホットケーキミックスと牛乳を4：3の比で混ぜてホットケーキをつくる。ホットケーキミックスの量が160gのとき，必要な牛乳の量は何gか求めなさい。

解 必要な牛乳の量をxgとすると，
160：x=4：3と表される。
これを解くと，x=120となり，
これは問題に適している。
よって，120g　…答

例題2 200cmのテープを姉と妹で分ける。姉と妹が7：3の比で分けるとき，姉がもらうテープの長さを求めなさい。

解 姉と妹の長さの比は7：3だから全体の長さは7+3=10となる。姉がもらうテープの長さを$x$cmとすると，
x：200=7：10となる。
これを解くと，x=140となり，
これは問題に適している。
よって，140cm　…答

1 紅茶と牛乳を5：4の比で混ぜてミルクティーをつくる。紅茶の量が200mLのとき，必要な牛乳の量は何mLか求めなさい。

2 りんごジュース100mLとオレンジジュース120mLを混ぜてミックスジュースをつくった。これと同じ味にするとき，オレンジジュース180mLとりんごジュースを何mL混ぜればよいか求めなさい。

3 180cmのテープを兄と弟で分ける。兄と弟が7：5の比で分けるとき，兄がもらうテープの長さを求めなさい。

4 コーヒーと牛乳を2：5の比で混ぜてコーヒー牛乳をつくる。コーヒー牛乳を350mLつくるとき，必要なコーヒーの量は何mLか求めなさい。

61 関数

LEVEL ★★★★★

学習日 月 日
解答 p.28

例題1 **次の㋐～㋒についてyがxの関数（かんすう）であるものを選びなさい。**

㋐：底辺が8 cm，高さが$x$cmの平行四辺形の面積$y$cm^2

㋑：身長$x$cmの人の体重$y$kg

㋒：1000 mの道のりを分速xmで歩いたときにかかった時間y分

解 ㋐について，
(平行四辺形の面積)＝(底辺)×(高さ)より高さを決めると面積がただ1つに決まる。
㋑について，身長を決めても体重はただ1つに決まらない。
㋒について，(時間)＝(道のり)÷(速さ)より，速さを決めると時間はただ1つに決まる。
よって，㋐，㋒ …答

xの値を決めると，それに対応してyの値がただ1つに決まるとき，yはxの関数であるという。

例題2 **周の長さが20 cmの長方形の縦を$x$cm，横を$y$cmとする。このとき，次の問いに答えなさい。**

(1) 下の表の㋐，㋑にあてはまる数を答えなさい。

x	1	2	3	㋑	…
y	9	㋐	7	6	…

(2) yはxの関数であるか，答えなさい。

解 (1) 長方形では，(縦＋横)×2＝(周の長さ)だから，周の長さが20cmのとき，縦＋横＝10となる。
㋐について，縦が2 cmのとき，横は，
10－2＝8(cm) …答
㋑について，横が6cmのとき，縦は，
10－6＝4(cm) …答

(2) xの値を決めると，それに対応してyの値がただ1つに決まるので，
yはxの関数である …答

1 **次の㋐～㋒についてyがxの関数であるものを選びなさい。**

㋐：平行四辺形の底辺の長さが$x$cmのときの面積$y$cm^2

㋑：6 mのテープからxm切り取ったときの残りの長さym

㋒：時速15 kmで，x時間進んだときの道のり$y$km

____

2 **面積が12 cm^{2}の長方形の縦の長さを$x$cm，横の長さを$y$cmとする。このとき，次の問いに答えなさい。**

(1) 下の表の㋐，㋑にあてはまる数を答えなさい。

x	1	2	3	㋑	…
y	12	㋐	4	3	…

㋐________

㋑________

(2) yはxの関数であるか，答えなさい。

____

62 変域

学習日　　月　　日
解答 p.28

例題1 変数(へんすう) x が0以上8未満の範囲(はんい)の値をとるとき，x の変域(へんいき)を不等号を使って表しなさい。

解 変数 x は0をふくみ，8をふくまないので，

$0 \leqq x < 8$ …答

x がその値をふくむ場合は≦，≧で，
x がその値をふくまない場合は<，>で表す。

例題2 変数 x が次の数直線のように値をとるとき，x の変域を不等号を使って表しなさい。ただし，●のときは，その値をふくみ，○のときは，その値をふくまないものとする。

解 変数 x は1をふくまず，8をふくむので，

$1 < x \leqq 8$ …答

1 変数 x が次の範囲の値をとるとき，x の変域を不等号を使って表しなさい。

(1) 変数 x は2より大きく10以下

(2) 変数 x は3以上6以下

(3) 変数 x は4未満

(4) 変数 x は10より大きい

2 変数 x が次の数直線のように値をとるとき，x の変域を不等号を使って表しなさい。ただし，●のときは，その値をふくみ，○のときは，その値をふくまないものとする。

(1)

(2)

(3)

(4)

63 LEVEL ★★☆☆☆ 比例の関係

学習日　月　日
解答 p.28

例題　1辺の長さが$x$cmの正三角形の周の長さを$y$cmとする。このとき，次の問いに答えなさい。

(1)　1辺の長さ$x$cmと周の長さ$y$cmの関係は下の表のようになる。ア～ウに数字を入れなさい。

x	1	2	3	4	5	6
y	ア	6	9	イ	15	ウ

(2)　xの値が2倍，3倍，4倍，…になると，yの値はどのようになりますか。

(3)　yをxの式で表しなさい。　(4)　比例定数を答えなさい。

解 (1)　(正三角形の周の長さ)＝(1辺の長さ)×3より，yの値はそれぞれ，ア＝1×3＝3，イ＝4×3＝12，ウ＝6×3＝18となる。

ア…3　イ…12　ウ…18　…答

(2)　xの値が2倍，3倍，4倍，…になると，**yの値は2倍，3倍，4倍，…になる。**　…答

(3)　(正三角形の周の長さ)＝(1辺の長さ)×3より，$y=x\times3$　よって，$y=3x$　…答

(4)　比例定数は，3　…答

yがxに比例(ひれい)するとき，$y=ax$(aは定数(ていすう))と表され，aを比例定数という。

1　横の長さが4cmの長方形の縦の長さを$x$cmとするときの面積$y$cm²について，次の問いに答えなさい。

(1)　縦の長さ$x$cmと面積$y$cm²の関係は下の表のようになる。表を完成させなさい。

x	1	2	3	4	5	6
y	ア	8	イ	16	ウ	24

(2)　xの値が2倍，3倍，4倍，…になると，yの値はどのようになりますか。

(3)　yをxの式で表しなさい。

(4)　比例定数を答えなさい。

2　1分間に3cmの割合で水面が上がるように，水そうに水を入れる。ある時刻を基準にして，x分後に水面の高さが$y$cm高くなるとき，次の問いに答えなさい。

(1)　表を完成させなさい。

x	−3	−2	−1	0	1	2
y	エ	オ	カ	0	3	キ

(2)　xの値が2倍，3倍，4倍，…になると，yの値はどのようになりますか。

(3)　yをxの式で表しなさい。

(4)　比例定数を答えなさい。

64 比例の式

学習日　　月　　日
解答 p.29

例題 yはxに比例し，$x=4$のとき$y=-16$である。このとき，次の問いに答えなさい。

(1)　yをxの式に表しなさい。　(2)　$x=5$のときのyの値を求めなさい。

(3)　$y=8$のときのxの値を求めなさい。

解 (1)　yはxに比例することから，
aを比例定数として，$y=ax$と表される。
$x=4$，$y=-16$を代入すると，$-16=4a$
これを解くと，$a=-4$だから，$y=-4x$　…答

(2)　$y=-4x$に$x=5$を代入すると，
$y=-4\times5=-20$　…答

(3)　$y=-4x$に$y=8$を代入すると，
$8=-4x$　これを解いて，$x=-2$　…答

比例の式を求める手順
yがxに比例するとき
❶ $y=ax$と表せる
（aは比例定数）
❷ x，yの値を代入する
❸ aを求める

1 yはxに比例し，$x=3$のとき$y=9$である。このとき，次の問いに答えなさい。

(1)　yをxの式で表しなさい。

(2)　$x=-2$のときのyの値を求めなさい。

2 yはxに比例し，$x=2$のとき$y=-8$である。このとき，次の問いに答えなさい。

(1)　yをxの式で表しなさい。

(2)　$y=-2$のときのxの値を求めなさい。

3 yはxに比例し，$x=-6$のとき$y=3$である。このとき，次の問いに答えなさい。

(1)　yをxの式で表しなさい。

(2)　$x=8$のときのyの値を求めなさい。

4 yはxに比例し，$x=9$のとき$y=15$である。このとき，次の問いに答えなさい。

(1)　yをxの式で表しなさい。

(2)　$y=-10$のときのxの値を求めなさい。

65 LEVEL ★★★★★

座標

学習日　月　日
解答 p.29

例題1 次の点A，Bの座標をいいなさい。

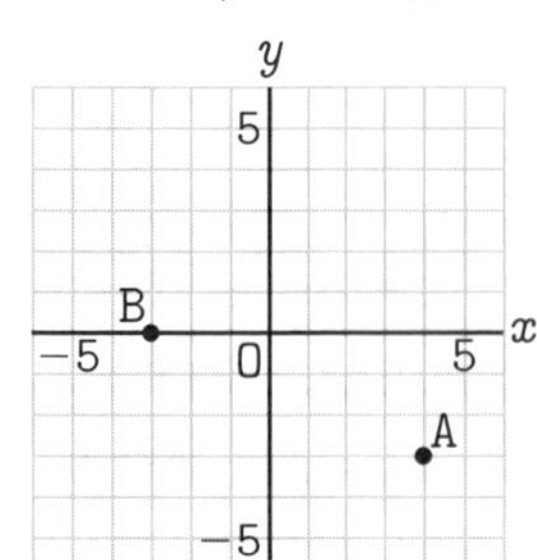

解 Aとx軸，y軸に垂直にひいた直線との交点の目もりについて，x軸は4，y軸は−3となるから，

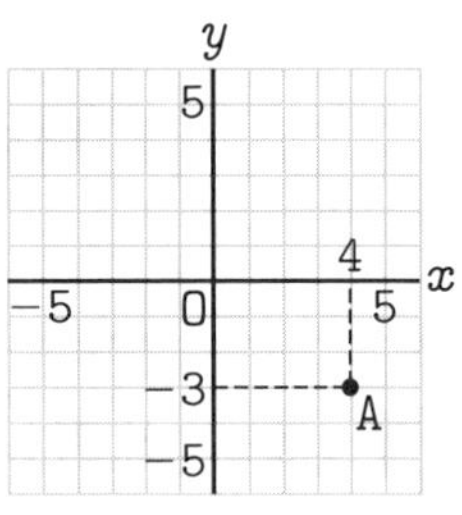

A(4，−3) …答

x軸上にあるとき，y座標は0なので，

B(−3，0) …答

例題2 次の点を図示しなさい。

(1) C(−2，3)　(2) D(−5，−1)

解 (1) x座標は−2，y座標は3なので，Cは原点(げんてん)から左へ2，上へ3だけ進んだところにある。

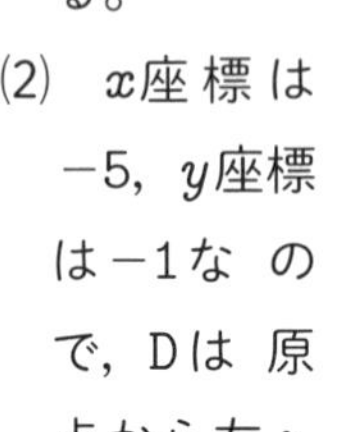

答

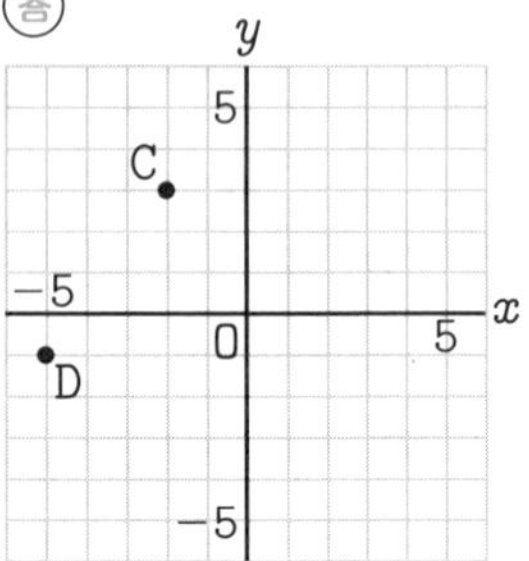

(2) x座標は−5，y座標は−1なので，Dは原点から左へ5，下へ1だけ進んだところにある。

たとえば，P(3，4)は原点から右に3，上に4進んだところにある点を表す。

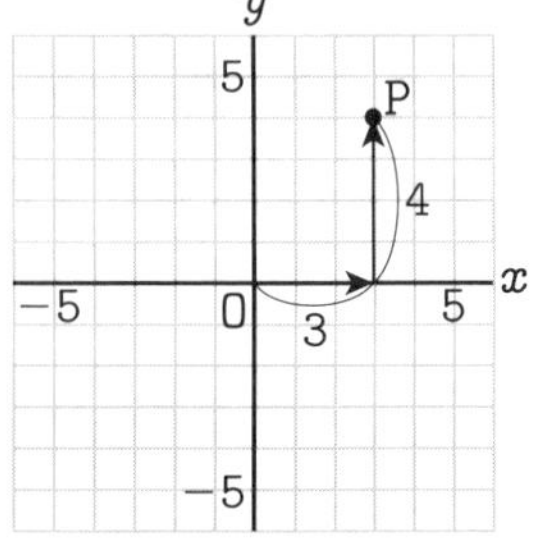

1 次の点A，B，C，Dの座標をいいなさい。

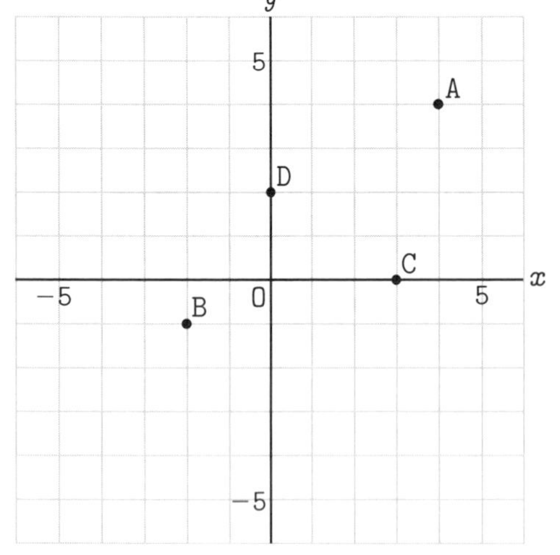

A＿＿＿＿＿　B＿＿＿＿＿

C＿＿＿＿＿　D＿＿＿＿＿

2 次の点をかき入れなさい。

(1) E(1，4)　(2) F(2，−3)

(3) G(−4，5)　(4) H(0，−5)

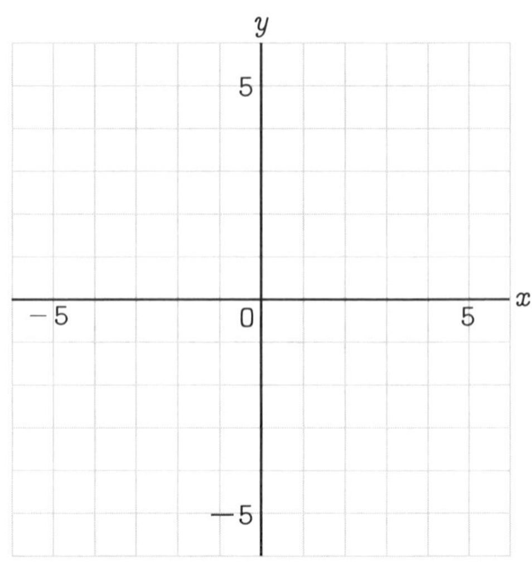

LEVEL ★★★★★

66 比例のグラフをかく

学習日 月 日

解答 p.30

例題 次の比例のグラフをかきなさい。

(1) $y=-2x$ (2) $y=\frac{2}{5}x$

解 (1) $x=1$のとき，$y=-2\times1=-2$なので，
原点と点(1，−2)を通る直線をひく。

(2) $x=5$のとき，$y=\frac{2}{5}\times5=2$なので，
原点と点(5，2)を通る直線をひく。

比例の関係$y=ax$のグラフは，原点を通る直線で$a>0$のとき右上がり，$a<0$のとき右下がりである。

答

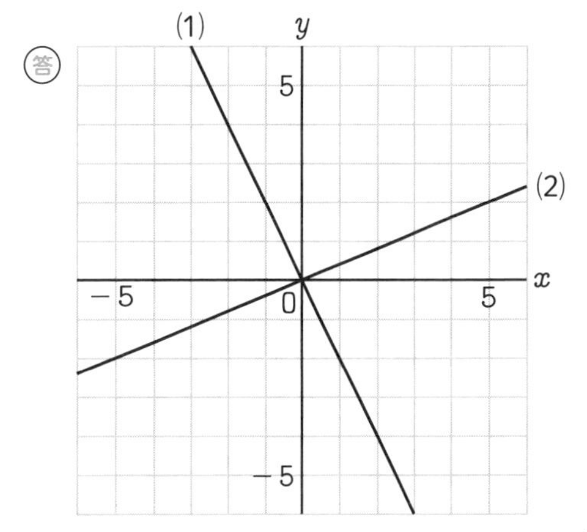

1 次の比例のグラフをかきなさい。

(1) $y=3x$

(2) $y=-x$

(3) $y=x$

(4) $y=-5x$

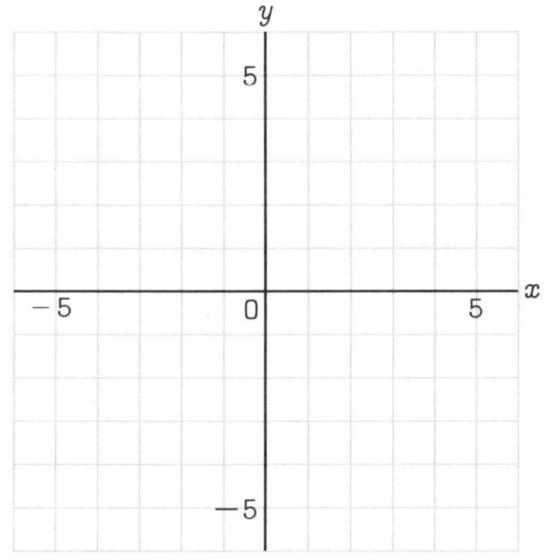

2 次の比例のグラフをかきなさい。

(1) $y=\frac{1}{2}x$

(2) $y=-\frac{2}{3}x$

(3) $y=\frac{5}{6}x$

(4) $y=-\frac{5}{2}x$

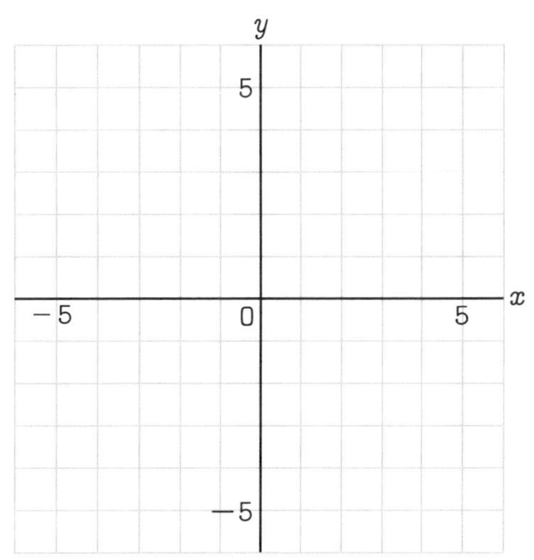

4章 比例と反比例

LEVEL ★★★★★

67 比例のグラフをよむ

学習日　月　日
解答 p.30

例題　次の比例のグラフについて，比例の式を求めなさい。

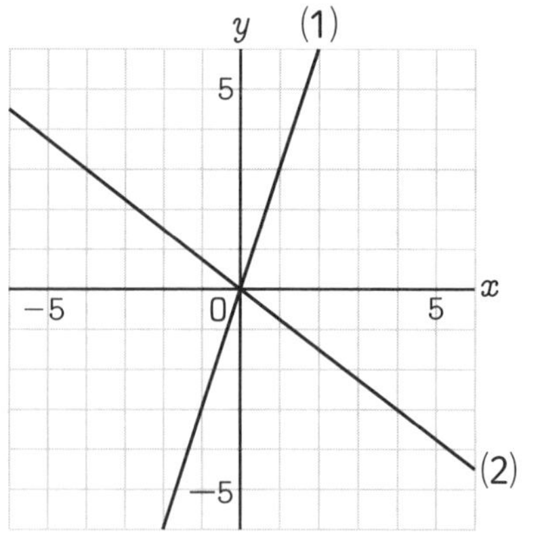

解 (1)　yはxに比例するから，比例定数をaとして，$y=ax$と表せる。グラフは点(1, 3)を通るから，$x=1$，$y=3$を代入して，$3=a\times1$

$a=3$より，$y=3x$　…答

(2)　yはxに比例するから，比例定数をaとして，$y=ax$と表せる。グラフは点(4, −3)を通るから，$x=4$，$y=-3$を代入して，$-3=a\times4$

$a=-\frac{3}{4}$より，$y=-\frac{3}{4}x$　…答

1 次の比例のグラフについて，比例の式を求めなさい。

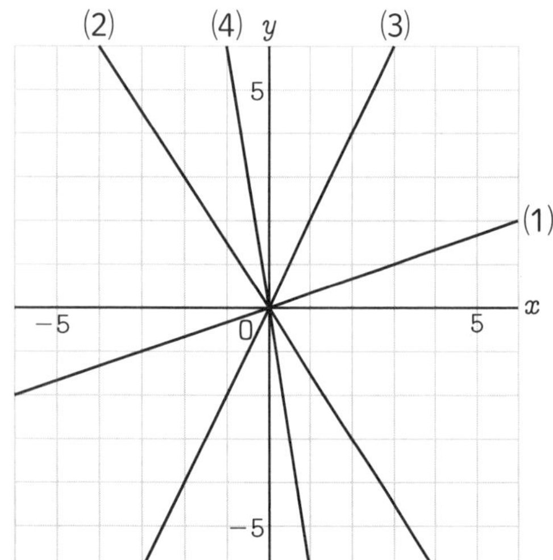

(1)

(2)

(3)

(4)

2 次の比例のグラフについて，比例の式を求めなさい。

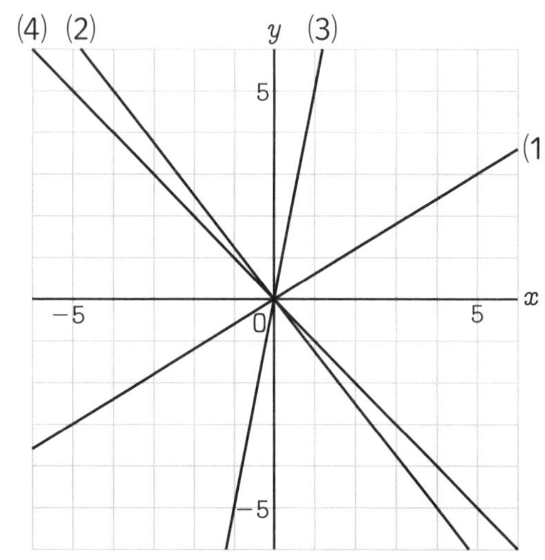

(1)

(2)

(3)

(4)

反比例の関係

学習日　月　日
解答 p.31

例題 **面積が12cm²となる長方形の縦を$x$cm，横を$y$cmとする。このとき，次の問いに答えなさい。**

(1) 縦の長さ$x$cmと横の長さ$y$cmの関係は下の表のようになる。表を完成させなさい。

x	1	2	3	4	5	6
y						

(2) xの値が2倍，3倍，4倍，…になると，yの値はどのようになりますか。

(3) yをxの式で表しなさい。　(4) 比例定数を答えなさい。

解 (1) 面積＝縦×横だから，横＝12÷縦より，
yの値はそれぞれ，12÷1＝12，
12÷2＝6，12：3＝4，12：4＝3，
12÷5＝2.4，12÷6＝2となる。

答

x	1	2	3	5	6
y	12	6	4	2.4	2

(2) xの値が2倍，3倍，4倍，…になると，**yの値は$\frac{1}{2}$倍，$\frac{1}{3}$倍，$\frac{1}{4}$倍，…になる。** …答

(3) 横＝12÷縦より，$y=\frac{12}{x}$ …答

yがxに反比例(はんぴれい)するとき，$y=\frac{a}{x}$(aは定数)と表され，aを比例定数という。

(4) $y=\frac{12}{x}$だから，比例定数は，12 …答

1 **60L入る空の水そうに，毎分xLずつ入れると，y分で満水になる。このとき，次の問いに答えなさい。**

(1) 1分間の水量xLと時間y分の関係は下の表のようになる。表を完成させなさい。

x	1	2	3	4	5	6
y						

(2) xの値が2倍，3倍，4倍，…になると，yの値はどのようになりますか。

(3) yをxの式で表しなさい。

(4) 比例定数を答えなさい。

2 **1800mの道のりを秒速xmの速さで進むときにかかる時間をy秒とするとき，次の問いに答えなさい。**

(1) 秒速xmとかかる時間y秒の関係は下の表のようになる。表を完成させなさい。

x	1	2	3	4	5	6
y						

(2) xの値が2倍，3倍，4倍，…になると，yの値はどのようになりますか。

(3) yをxの式で表しなさい。

(4) 比例定数を答えなさい。

69 LEVEL ★★★★★ 反比例の式

学習日　月　日
解答 p.31

例題 yはxに反比例し，$x=2$のとき$y=-6$である。このとき，次の問いに答えなさい。

(1) yをxの式で表しなさい。　(2) $x=4$のときのyの値を求めなさい。

(3) $y=-3$のときのxの値を求めなさい。

解 (1) yはxに反比例することから，比例定数をaとして，$y=\frac{a}{x}$と表される。

$x=2$，$y=-6$を代入して，$-6=\frac{a}{2}$

これを解くと，$a=-12$だから，$y=-\frac{12}{x}$ …答

(2) $y=-\frac{12}{x}$に$x=4$を代入して，$y=-\frac{12}{4}=-3$ …答

(3) $y=-\frac{12}{x}$は，$xy=-12$とも表すことができる。$xy=-12$に$y=-3$を代入すると，

$x\times(-3)=-12$，これを解くと，$x=4$ …答

1 yはxに反比例し，$x=9$のとき$y=2$である。このとき，次の問いに答えなさい。

(1) yをxの式で表しなさい。

(2) $x=6$のときのyの値を求めなさい。

2 yはxに反比例し，$x=4$のとき$y=6$である。このとき，次の問いに答えなさい。

(1) yをxの式で表しなさい。

(2) $y=3$のときのxの値を求めなさい。

3 yはxに反比例し，$x=-4$のとき$y=9$である。このとき，次の問いに答えなさい。

(1) yをxの式で表しなさい。

(2) $x=12$のときのyの値を求めなさい。

4 yはxに反比例し，$x=-8$のとき$y=5$である。このとき，次の問いに答えなさい。

(1) yをxの式で表しなさい。

(2) $y=20$のときのxの値を求めなさい。

70 LEVEL ★★★★★ 反比例のグラフをかく

学習日　月　日
解答 p.32

例題 反比例$y=-\frac{6}{x}$について，次の問いに答えなさい。

(1) 下の表を完成させなさい。　(2) 反比例のグラフをかきなさい。

x	-6	-5	-4	-3	-2	-1	0	1	2	3	4	5	6
y							×						

解 (1) $y=-\frac{6}{x}$のxに値を代入してyの値を求めると，

左から1，1.2，1.5，2，3，6，-6，-3，-2，-1.5，-1.2，-1 …答

(2) (1)より，$(-6,\ 1)$，$(-3,\ 2)$，$(-2,\ 3)$，$(-1,\ 6)$を通る曲線と，

$(1,\ -6)$，$(2,\ -3)$，$(3,\ -2)$，$(6,\ -1)$を通る曲線をかく。

反比例の関係$y=\frac{a}{x}$のグラフは，なめらかな2つの曲線になる。この曲線は双曲線（そうきょくせん）とよばれる。

答

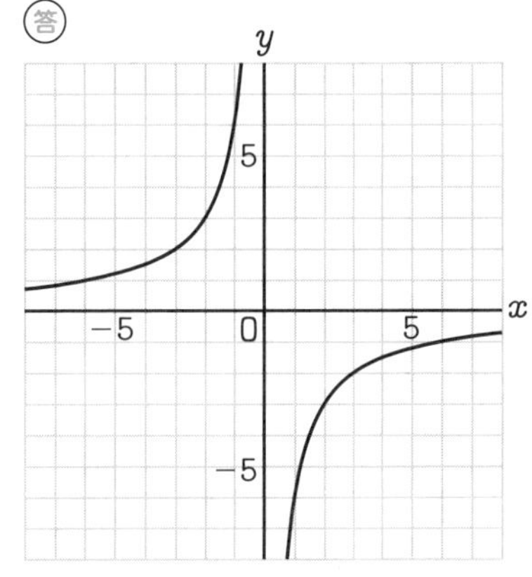

1 反比例$y=\frac{12}{x}$について，次の問いに答えなさい。

(1) 下の表を完成させなさい。

x	-6	-5	-4	-3	-2	-1	0
y							×

1	2	3	4	5	6

(2) 反比例のグラフをかきなさい。

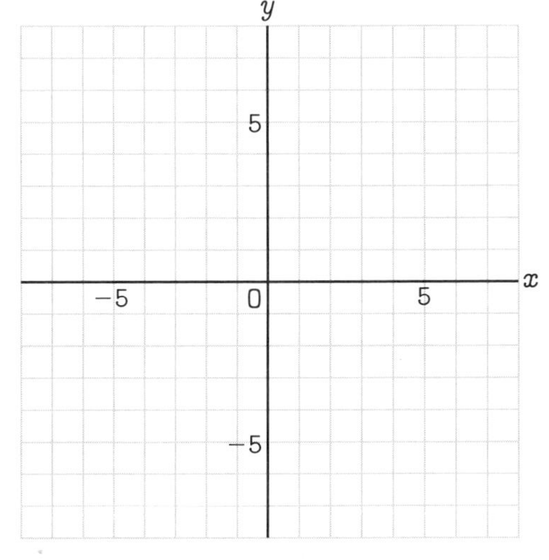

2 次の反比例のグラフをかきなさい。

(1) $y=\frac{8}{x}$

(2) $y=-\frac{10}{x}$

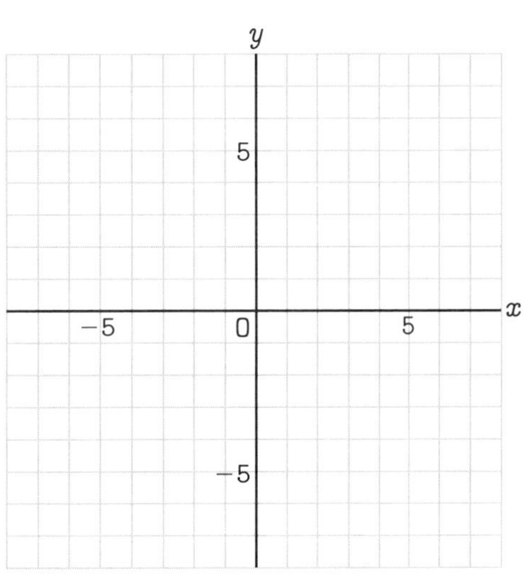

4章 比例と反比例

LEVEL ★★★★★

71 反比例のグラフをよむ

学習日　月　日

解答 p.32

例題　次の反比例のグラフについて，反比例の式を求めなさい。

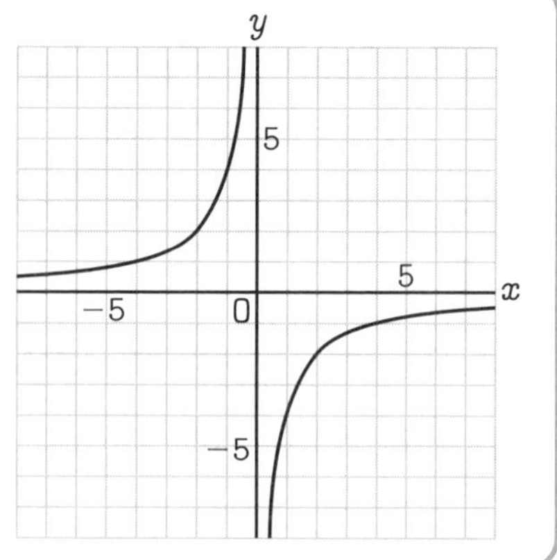

解　yはxに反比例するから，比例定数をaとして，

$y=\frac{a}{x}$と表せる。グラフは

点(2, −2)を通るから，$x=2$，$y=-2$を代入して，

$-2=\frac{a}{2}$，$a=-4$より，$y=-\frac{4}{x}$　…答

1 次の反比例のグラフについて，反比例の式を求めなさい。

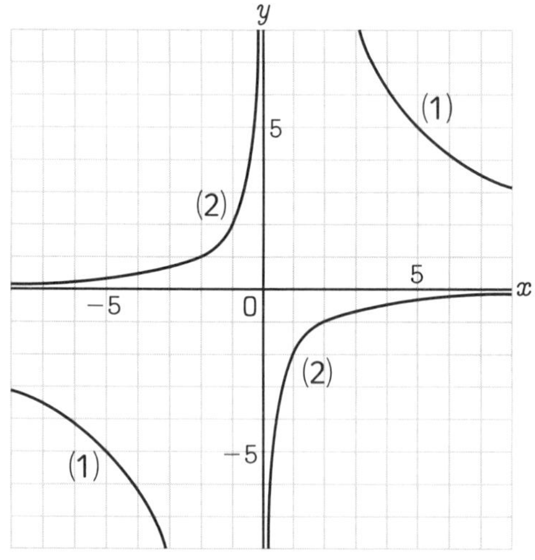

(1)

(2)

2 次の反比例のグラフについて，反比例の式を求めなさい。

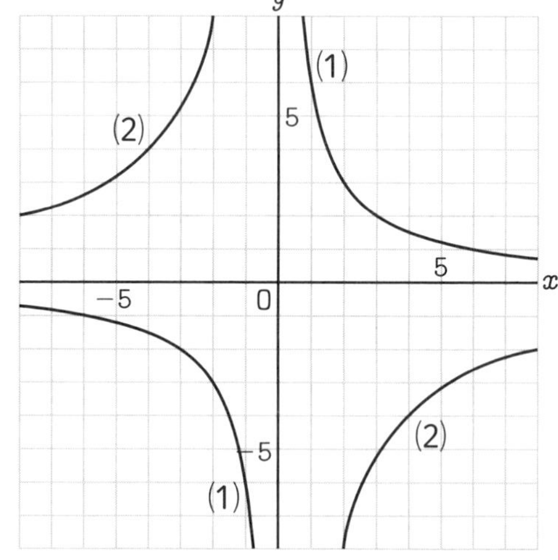

(1)

(2)

72 LEVEL ★★★★★ 比例の利用①

学習日　月　日
解答 p.32

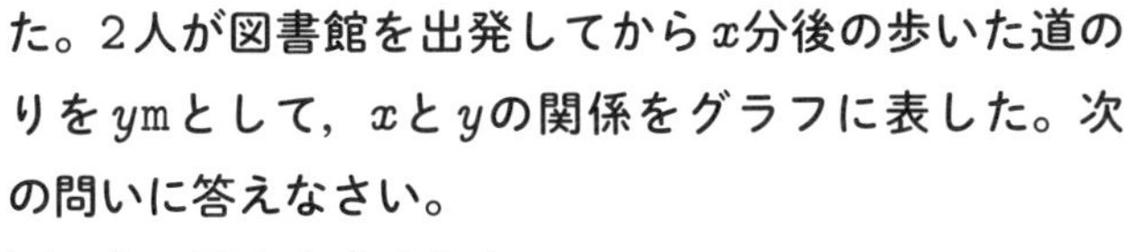

例題 兄と弟が図書館から800m離(はな)れた駅まで歩いた。2人が図書館を出発してからx分後の歩いた道のりをymとして，xとyの関係をグラフに表した。次の問いに答えなさい。

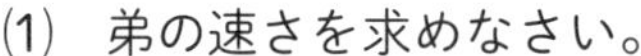

(1)　弟の速さを求めなさい。

(2)　弟のグラフの式を表しなさい。

(3)　兄が駅に着いたとき，弟は何m歩いていますか。

(4)　兄が駅についてから，弟が駅に着くまでの時間を求めなさい。

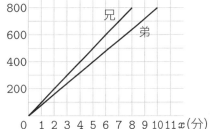

解 (1)　弟は5分間で400m進んでいるので，$400 \div 5 = 80$ より，**分速80m**　…答

(2)　(道のり)＝(速さ)×(時間)より，$y = 80 \times x$ から，$\boldsymbol{y = 80x}$　…答

(3)　グラフから兄は8分後に駅につくので，$y = 80 \times 8 = 640$ より，**640m**　…答

(4)　グラフから兄は8分後，弟は10分後に駅につくので，
$10 - 8 = 2$ より，**2分**　…答

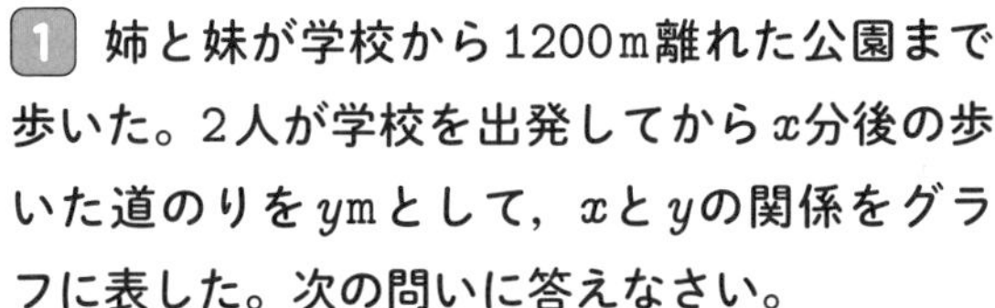

1 姉と妹が学校から1200m離れた公園まで歩いた。2人が学校を出発してからx分後の歩いた道のりをymとして，xとyの関係をグラフに表した。次の問いに答えなさい。

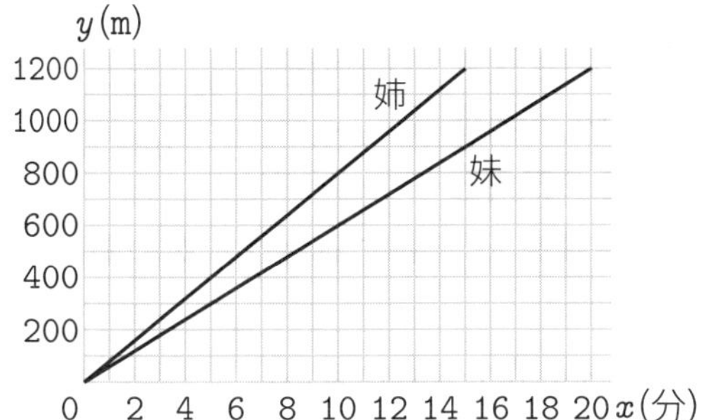

(1)　姉，妹の歩いた速さをそれぞれ求めなさい。

姉＿＿＿＿＿＿

妹＿＿＿＿＿＿

(2)　姉，妹のグラフの式をそれぞれ表しなさい。

姉＿＿＿＿＿＿

妹＿＿＿＿＿＿

(3)　姉が公園に着いたとき，妹は何m歩いていますか。

＿＿＿＿＿＿

(4)　姉が公園に着いてから，妹が公園に着くまでの時間を求めなさい。

＿＿＿＿＿＿

4章 比例と反比例

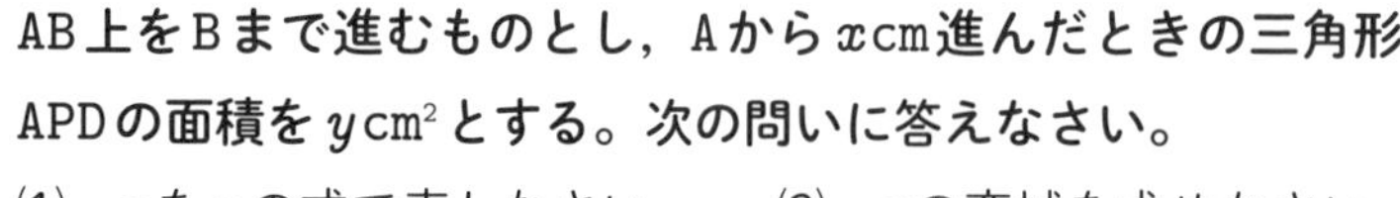

73 LEVEL ★★★★★ 比例の利用②

学習日　月　日
解答 p.33

例題 **右の長方形ABCDについて，点PはAから出発して辺AB上をBまで進むものとし，Aから$x$cm進んだときの三角形APDの面積を$y$cm^{2}とする。次の問いに答えなさい。**

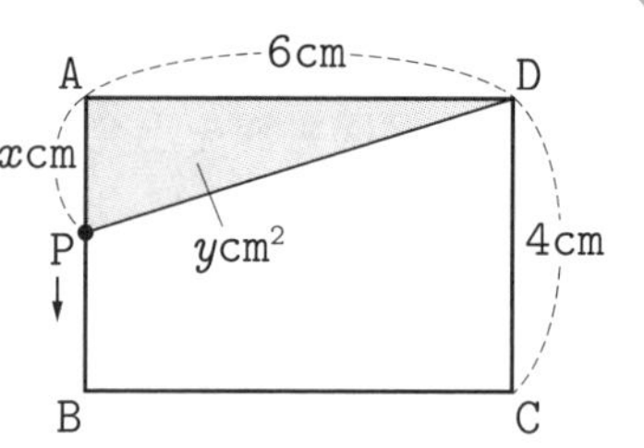

(1)　yをxの式で表しなさい。　(2)　xの変域を求めなさい。

(3)　yの変域を求めなさい。

(4)　三角形APDの面積が9cm^{2}になるのは，PがAから何cm進んだときか求めなさい。

解 (1)　(三角形APDの面積)$=\frac{1}{2}\times$AD$\times$AP$=\frac{1}{2}\times6\times x=3x$(cm^2)より，$y=3x$　…答

(2)　点PはAからBまで動くので，$0\leqq x\leqq4$　…答

(3)　(1)(2)より，$x=0$のとき$y=3\times0=0$で，$x=4$のとき$y=3\times4=12$だから，
$0\leqq y\leqq12$　…答

(4)　三角形APDの面積が9cm^{2}より$y=9$のときのxの値を求めればよい。$y=9$を$y=3x$に代入して，$9=3x$　これを解くと$x=3$となる。よって，3cm　…答

1 **右の正方形ABCDについて，点PはAから出発して辺AB上をBまで進むものとし，Aから$x$cm進んだときの三角形APDの面積を$y$cm^{2}とするとき，次の問いに答えなさい。**

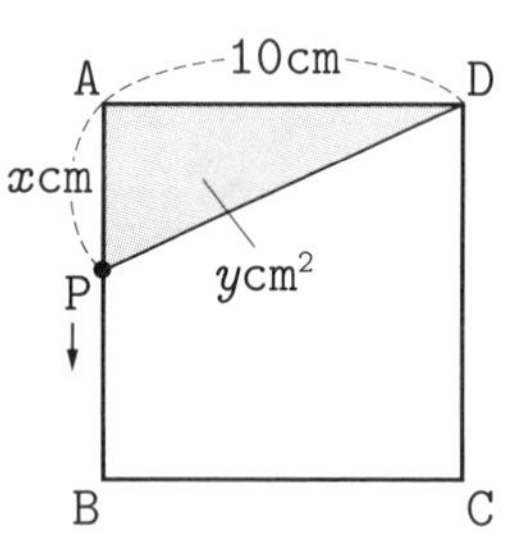

(1)　yをxの式で表しなさい。

(2)　xの変域を求めなさい。

(3)　yの変域を求めなさい。

(4)　三角形APDの面積が30cm^{2}になるのは，PがAから何cm進んだときか求めなさい。

2 **右の直角三角形ABCについて，点PはBから出発して辺BC上をCまで進むものとし，Bから$x$cm進んだときの三角形ABPの面積を$y$cm^{2}とするとき，次の問いに答えなさい。**

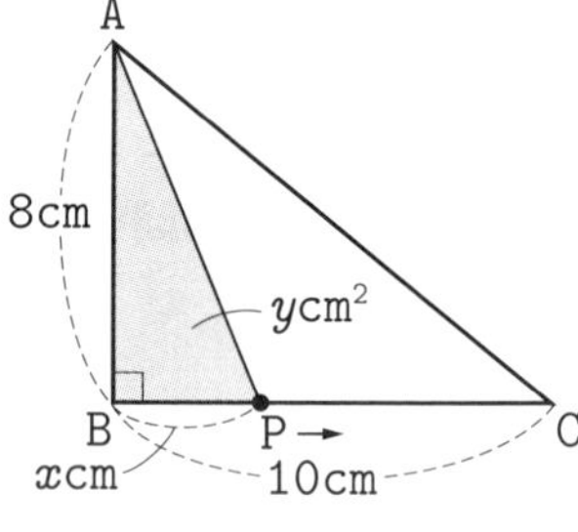

(1)　yをxの式で表しなさい。

(2)　xの変域を求めなさい。

(3)　yの変域を求めなさい。

(4)　三角形ABPの面積が28cm^{2}になるのは，PがBから何cm進んだときか求めなさい。

74 反比例の利用

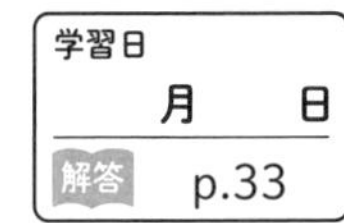

例題 **食品を電子レンジで温めるとき，電子レンジの出力をxW（ワット），食品が温まるまでの時間をy分とすると，yはxに反比例することが知られている。ある食品Aは，電子レンジの出力が500Wのとき2分で温まるとする。このとき，次の問いに答えなさい。**

(1) yをxの式で表しなさい。

(2) 電子レンジの出力が800Wのとき食品Aは何分何秒で温まるか，求めなさい。

解 (1) yはxに反比例するので，比例定数をaとして，$y=\frac{a}{x}$と表すことができる。$x=500$のとき，$y=2$であることから，$2=\frac{a}{500}$より$a=1000$となるので，$y=\frac{1000}{x}$ …答

(2) $y=\frac{1000}{x}$の式に，$x=800$を代入すると，$y=\frac{1000}{800}=\frac{5}{4}=1\frac{1}{4}$となり，

$\frac{1}{4}$分$=\frac{1}{4}\times60$秒$=15$秒なので，**1分15秒** …答

1 **例題で，ある食品Bは，電子レンジの出力が500Wのとき6分で温まるとする。このとき，次の問いに答えなさい。**

(1) yをxの式で表しなさい。

(2) レンジの出力が600Wのとき食品Bは何分で温まるか，求めなさい。

(3) レンジの出力が1000Wのとき食品Bは何分で温まるか，求めなさい。

2 **例題で，ある食品Cは，電子レンジの出力が600Wのとき8分で温まるとする。このとき，次の問いに答えなさい。**

(1) yをxの式で表しなさい。

(2) レンジの出力が500Wのとき食品Cは何分何秒で温まるか，求めなさい。

(3) レンジの出力が1000Wのとき食品Cは何分何秒で温まるか，求めなさい。

75 線分，角

LEVEL ★

学習日　月　日
解答 p.34

例題1 次の直線や線分，半直線を図にかき入れなさい。

(1) 直線AB
(2) 線分BC
(3) 半直線CA

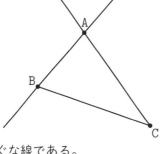

解
(1) 直線ABはAとBを通り限りなくのびている線である。
(2) 線分BCはB，Cを両端とするまっすぐな線である。
(3) 半直線CAはCを端として，Aの方にのびた線である。

まっすぐに限りなくのびた線のことを直線といい，直線の一部分で，両端のあるものを線分といい，1点を端として一方にだけのびたものを半直線という。

例題2 次の角を，記号∠を使って表しなさい。

(1) 角㋐　(2) 角㋑

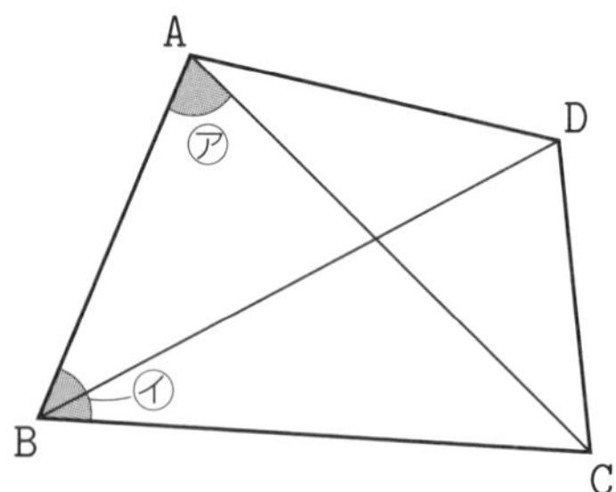

解 (1) 角㋐は線分ABと線分ACのつくる角なので，∠BAC …答
(2) 角㋑は線分BAと線分BCのつくる角なので，∠ABC …答

1 次の直線や線分，半直線を図にかき入れなさい。

(1) 直線AC
(2) 線分CD
(3) 半直線AB

2 次の角を，記号∠を使って表しなさい。

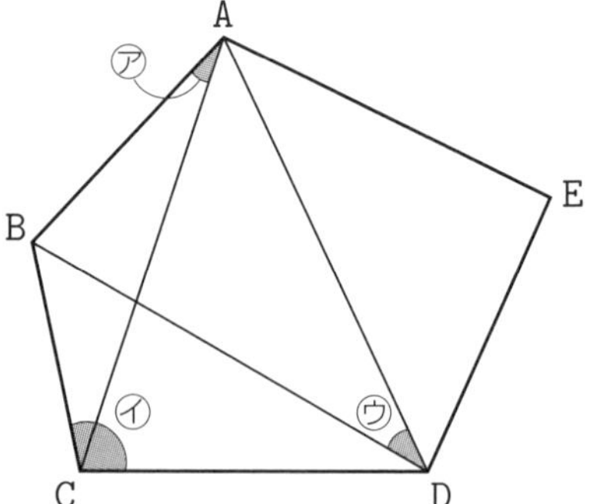

(1) 角㋐

(2) 角㋑

(3) 角㋒

76 LEVEL ★★★★★ 垂直，平行

学習日　月　日
解答 p.34

例題 **右の図の台形について，次の問いに答えなさい。**

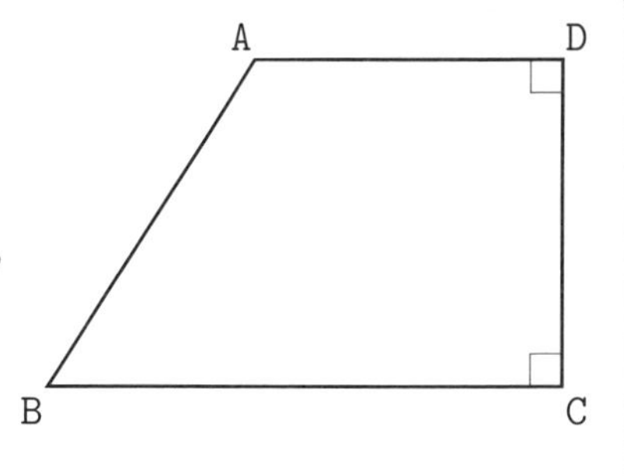

(1)　線分ADと垂直な線分を，記号⊥を使って表しなさい。

(2)　線分ADと平行（へいこう）な線分を，記号//を使って表しなさい。

解 (1)　直線ADと直線DCは交わってできる角が直角なので，垂直の関係となるから，AD⊥DC　…答

(2)　直線ADと直線BCは交わらないので，平行の関係となるから，AD//BC　…答

2直線ℓ，mが交わってできる角が直角であるとき，ℓとmは垂直であるといい，ℓ⊥mと表す。
2直線ℓ，mが交わらないとき，ℓとmは平行であるといい，ℓ//mと表す。

1 **下の図のひし形について，次の問いに答えなさい。**

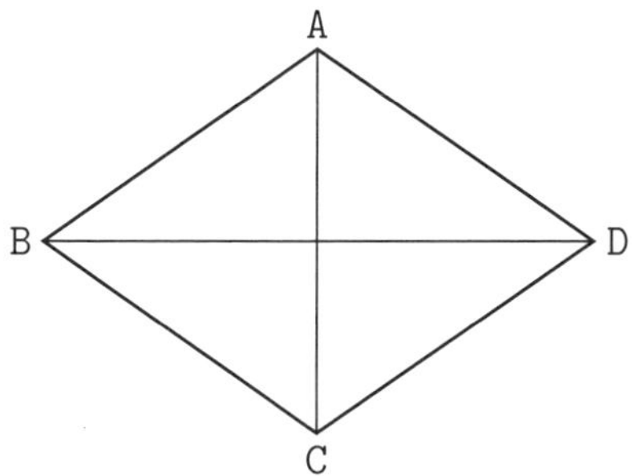

(1)　線分ACと垂直な線分を，記号⊥を使って表しなさい。

(2)　線分ABと平行な線分を，記号//を使って表しなさい。

(3)　線分BCと平行な線分を，記号//を使って表しなさい。

2 **右の図の正方形について，次の問いに答えなさい。**

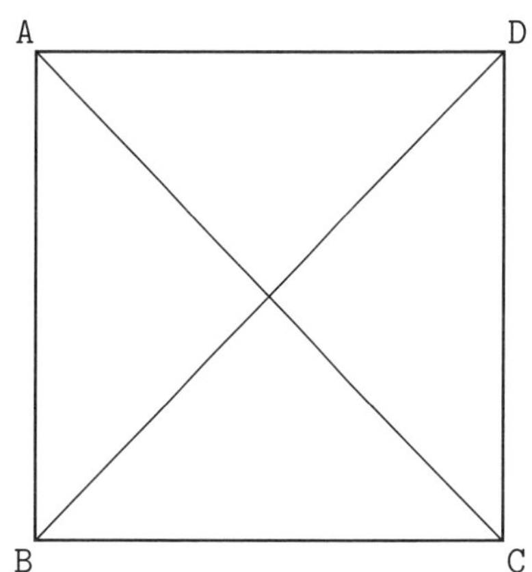

(1)　線分ABと垂直な線分は2本ある。それぞれの関係を，記号⊥を使って表しなさい。

(2)　線分BDと垂直な線分を，記号⊥を使って表しなさい。

(3)　線分ABと平行な線分を，記号//を使って表しなさい。

5章 平面図形

LEVEL ★★★★★

77 三角形

学習日　月　日

解答 p.34

例題　右の図について，点Dは線分AC上にある。
この中にあるすべての三角形を，記号△を使って表しなさい。

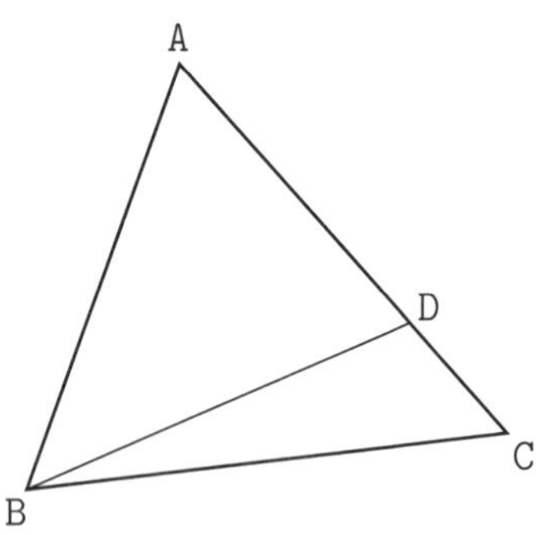

解　△ABC，△ABD，△BCD　…答

1 次の図の中にあるすべての三角形を，記号△を使って表しなさい。

(1)

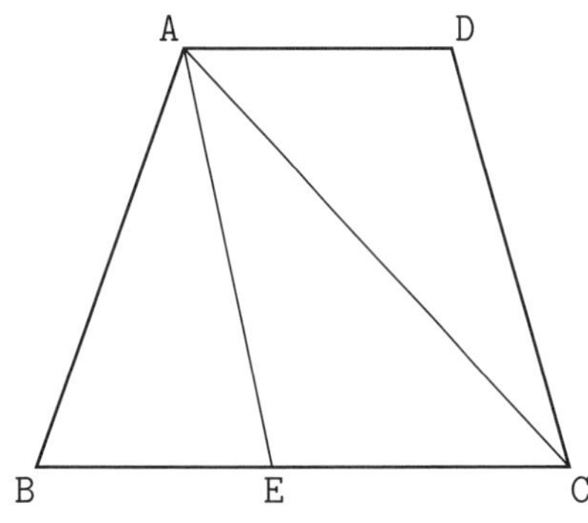

（点Eは線分BC上にある。）

(2)

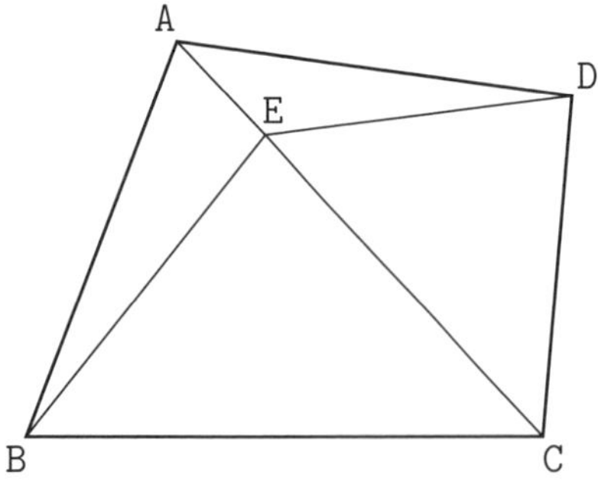

（点Eは線分AC上にある。）

(3)

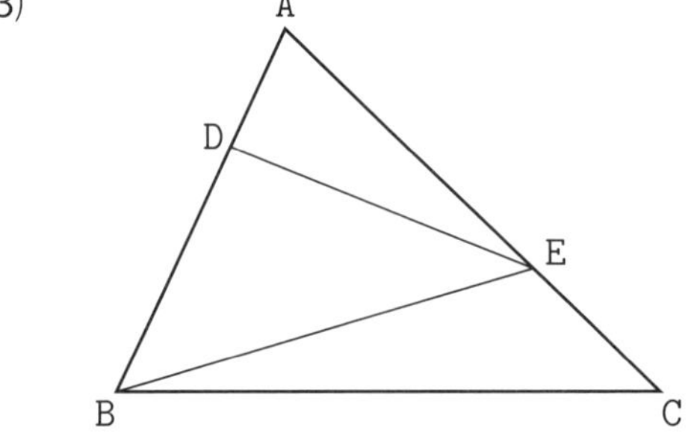

（点Dは線分AB上，点Eは線分AC上にある。）

(4)

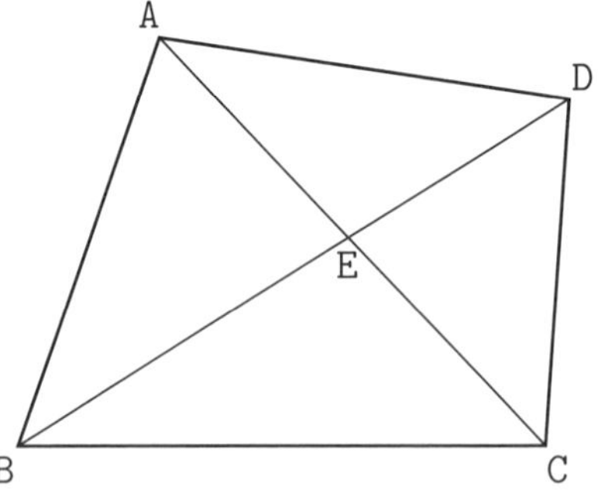

（線分ACとBDの交点をEとする。）

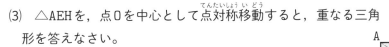

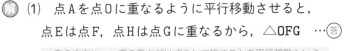

78 LEVEL ★★★★★ 図形の移動①

学習日　月　日
解答 p.35

例題　右の図のように長方形ABCDを，8つの合同な直角三角形に分けた。このとき，次の問いに答えなさい。

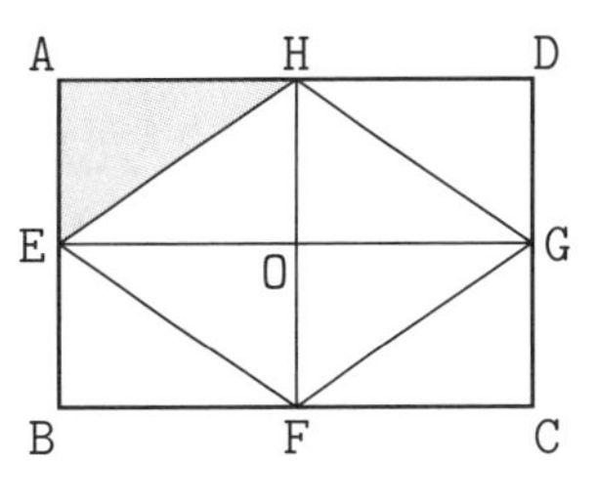

(1)　△AEHを，平行移動（へいこういどう）すると，重なる三角形を答えなさい。

(2)　△AEHを，直線HFを軸として対称移動（たいしょういどう）すると，重なる三角形を答えなさい。

(3)　△AEHを，点Oを中心として点対称移動（てんたいしょういどう）すると，重なる三角形を答えなさい。

解 (1)　点Aを点Oに重なるように平行移動させると，点Eは点F，点Hは点Gに重なるから，△OFG　…答

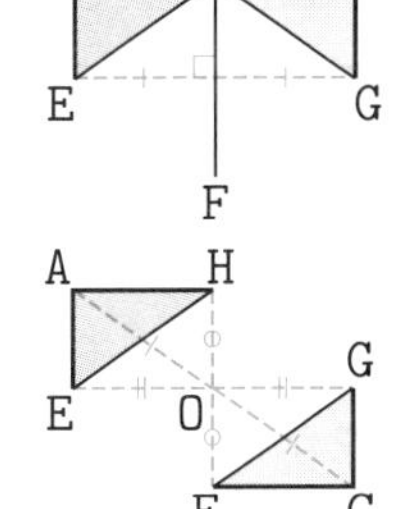

一定の方向に，一定の長さだけずらして移すことを平行移動という。

(2)　直線HFを軸に対称移動すると，点Aは点D，点Eは点Gに重なるから，△DGH　…答

1つの直線を折り目として，折り返して移すことを対称移動という。

(3)　点Oを中心に点対称移動すると，点Aは点C，点Eは点G，点Hは点Fに重なるから，△CGF　…答

1つの点を中心として，一定の角度だけまわして移すことを回転移動（かいてんいどう）といい，180°の回転移動を点対称移動という。

1　右の図のように長方形ABCDを，8つの合同な直角三角形に分けた。このとき，次の問いに答えなさい。

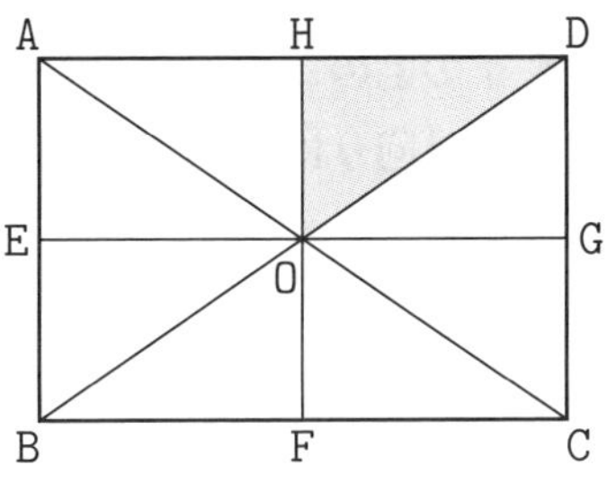

(1)　△DHOを，平行移動すると，重なる三角形を答えなさい。

(2)　△DHOを，直線EGを軸として対称移動すると，重なる三角形を答えなさい。

(3)　△DHOを，点Oを対称の中心として点対称移動すると，重なる三角形を答えなさい。

2　右の図のような4つの合同な正三角形を組み合わせた平行四辺形ABEFについて，次の問いに答えなさい。

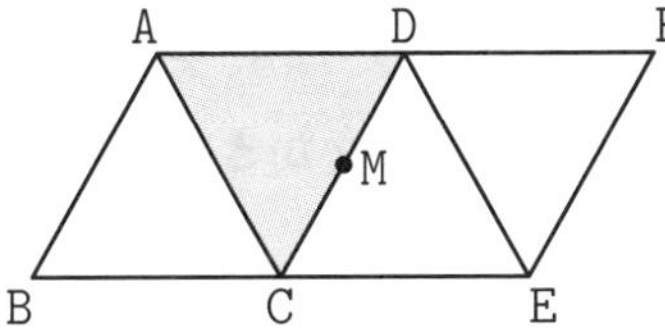

(1)　△ACDを，平行移動すると，重なる三角形を答えなさい。

(2)　△ACDを，直線ACを軸として対称移動すると，重なる三角形を答えなさい。

(3)　DCの中点をMとする。△ACDを，点Mを対称の中心として点対称移動すると，重なる三角形を答えなさい。

5章 平面図形

79 LEVEL ★★★★★ 図形の移動②

学習日　月　日
解答 p.35

例題 右の図の△ABCについて，次の問いに答えなさい。

(1) △ABCを，点Aが点Dに重なるように平行移動した△DEFをかきなさい。

(2) △ABCを，直線ℓを軸として対称移動した△GHIをかきなさい。

(3) △ABCを，点Oを中心として時計回りに90°回転移動した△JKLをかきなさい。

解 (1) AD//BE//CFで，AD=BE=CFとなる点E，Fをきめて△DEFをかく。

対応する点を結んだ線分どうしは平行で，その長さはすべて等しくなる。

(2) AG⊥ℓ，BH⊥ℓ，CI⊥ℓで，AG，BH，CIのそれぞれの中点が直線ℓ上となる点G，H，Iをきめて△GHIをかく。

対応する点を結んだ線分は，対称の軸と垂直に交わり，その交点で2等分される。

(3) AO=JO，BO=KO，CO=LOで，∠AOJ=∠BOK=∠COL=90°となる点J，K，Lをきめて△JKLをかく。

対応する点は，回転の中心からの距離が等しく，対応する点と回転の中心とを結んでできた角の大きさがすべて等しくなる。

答

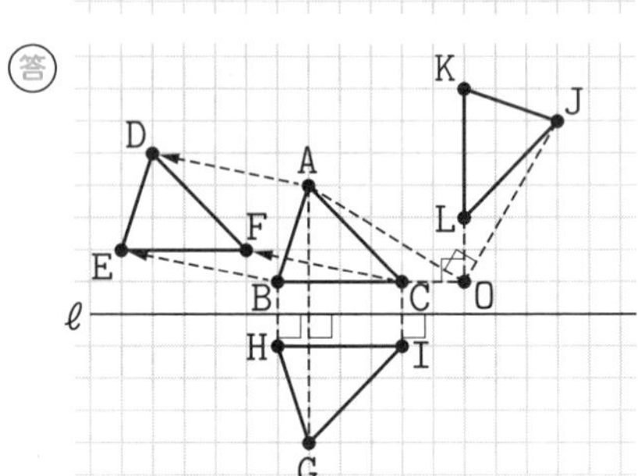

1 下の図の△ABCを矢印DEの方向に平行移動した△PQRをかきなさい。

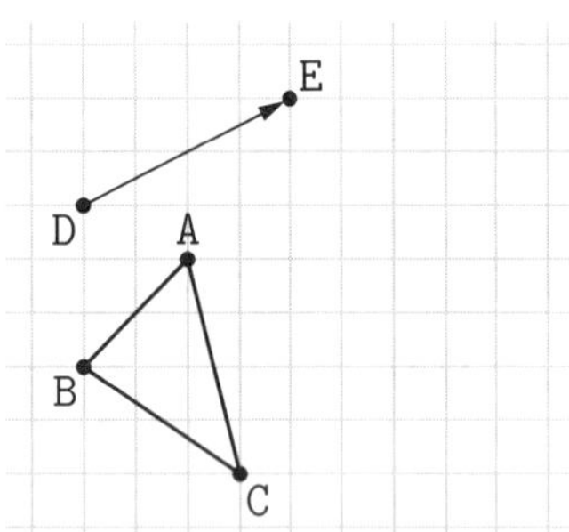

2 下の図の△ABCを，直線ℓを対称(たいしょう)の軸(じく)として，対称移動した△PQRをかきなさい。

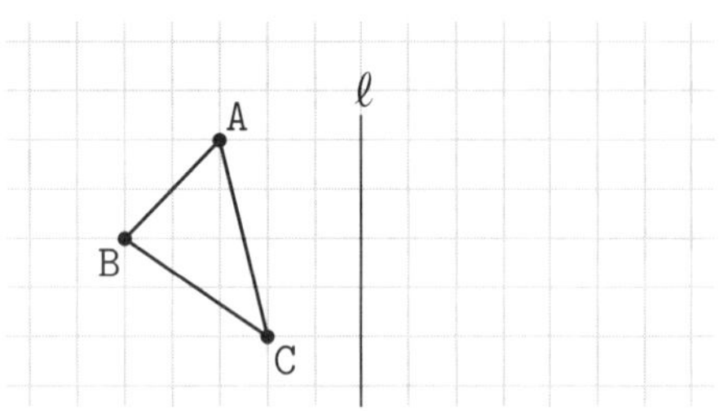

3 下の図の△ABCを，点Oを回転の中心として，時計回りに90°回転移動した△PQRをかきなさい。

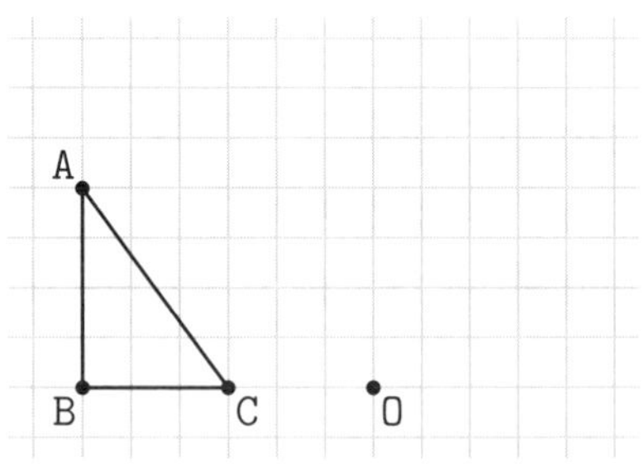

4 下の図の△ABCを，点Oを回転の中心として，点対称移動した△PQRをかきなさい。

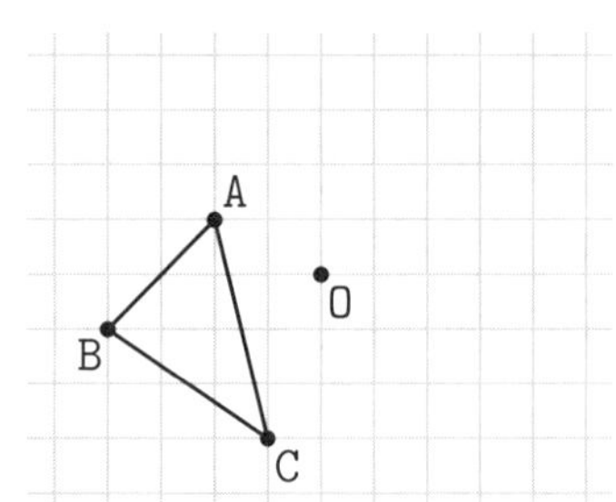

LEVEL ★★★★★

垂直二等分線の作図

学習日　　月　　日
解答 p.36

例題 右の図の△ABCについて，次の作図をしなさい。

(1) 線分BCの垂直二等分線　　(2) 辺BCの中点M

(3) 点BとCから距離が等しく，辺AC上にある点P

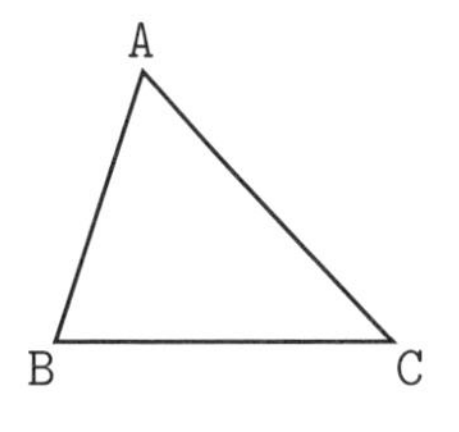

解 (1) 点B，Cを中心として，等しい半径の円をかく。…①

①の2つの円の交点を通る直線をひく。　…②

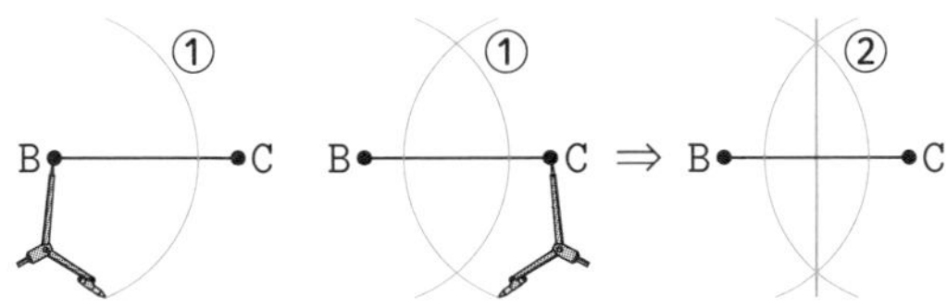

答
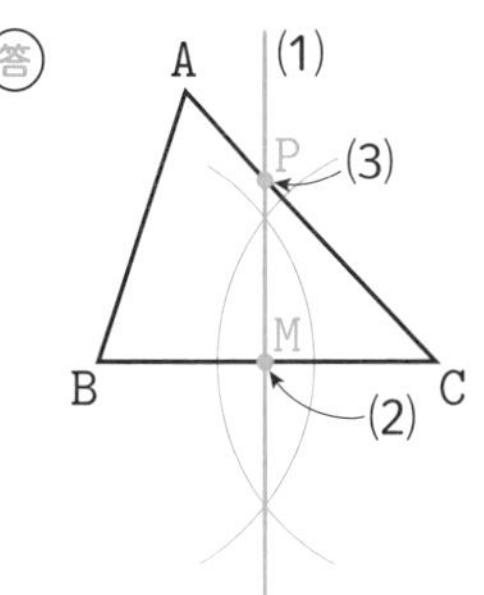

(2) 線分BCの垂直二等分線とBCとの交点がMとなる。

(3) 線分BCの垂直二等分線とACとの交点がPとなる。

2点B，Cからの距離が等しい点は，線分BCの垂直二等分線上にある。

1 次の作図をしなさい。

(1) 線分ABの垂直二等分線

(2) 線分ABの中点M

2 次の作図をしなさい。

(1) △ABCで点AとBから距離が等しく，辺BC上にある点P

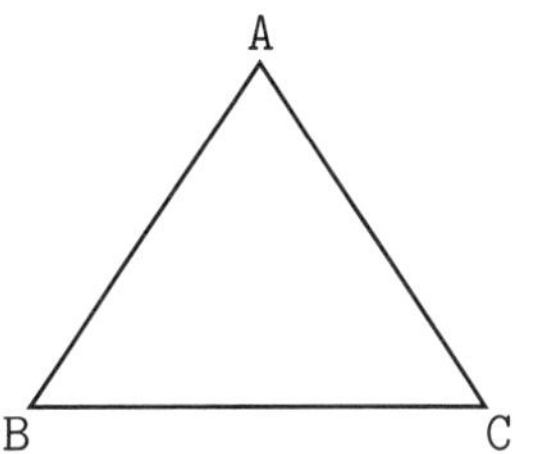

(2) 点AとBから距離が等しく，直線 ℓ 上にある点P

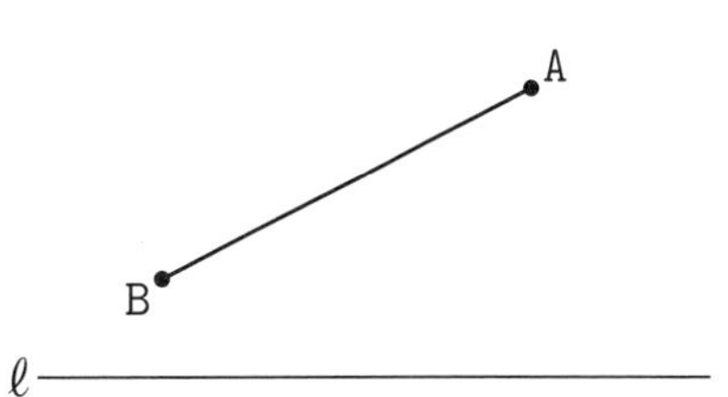

5章

平面図形

81 角の二等分線の作図

LEVEL ★★★★★

学習日　月　日
解答 p.36

例題 右の図の△ABCについて，次の作図をしなさい。

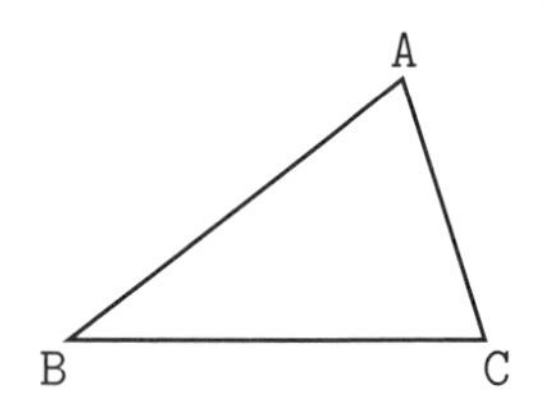

(1) ∠ABCの二等分線（にとうぶんせん）

(2) 辺ABとBCから距離が等しく，辺AC上にある点P

解 (1) 点Bを中心とする円をかく。…①

①の円と半直線BA，BCとの交点を中心として，等しい半径の円をかく。…②

②の2つの円の交点とBを通る直線をひく。…③

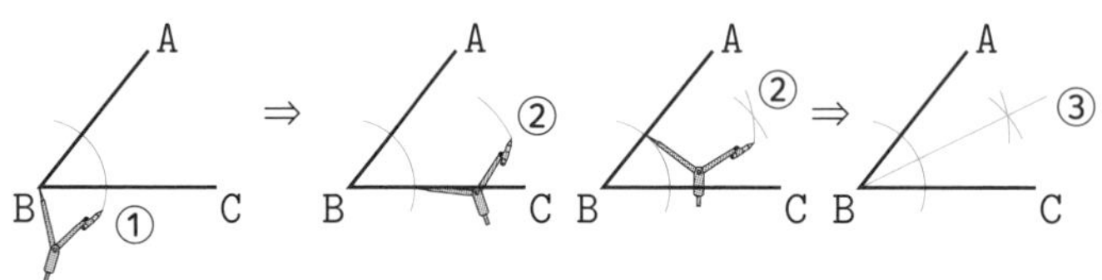

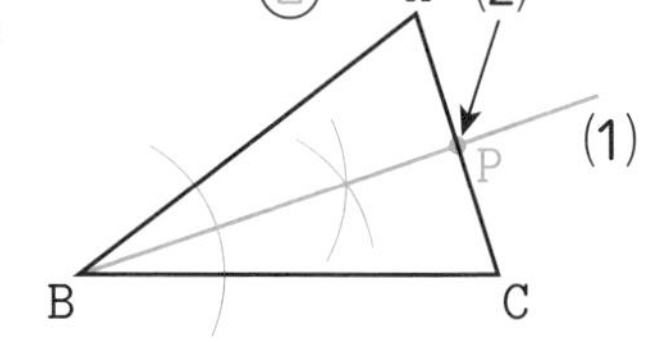

(2) ∠ABCの二等分線とACとの交点がPとなる。

1 次の作図をしなさい。

(1) ∠XOYの二等分線

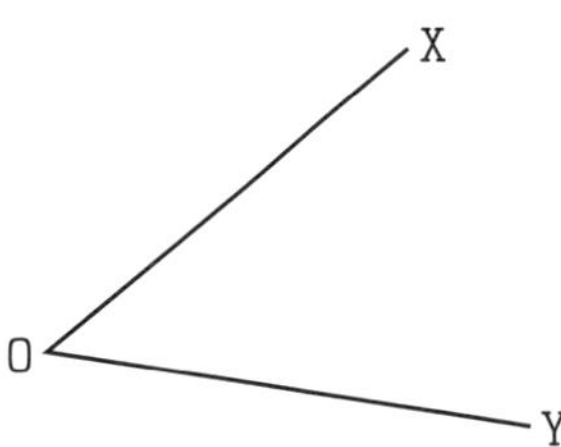

(2) ∠XOYの二等分線

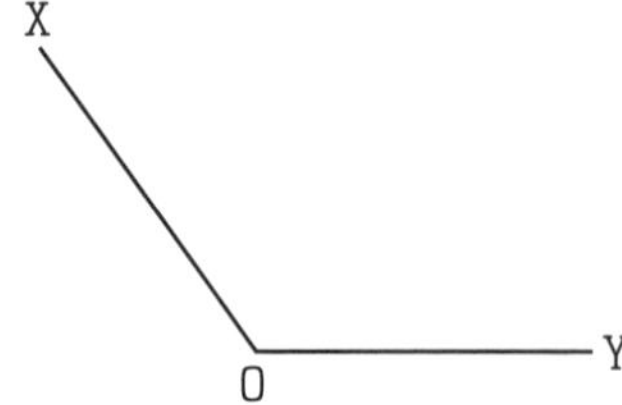

2 次の作図をしなさい。

(1) △ABCで，辺ABとACから距離が等しく，辺BC上にある点P

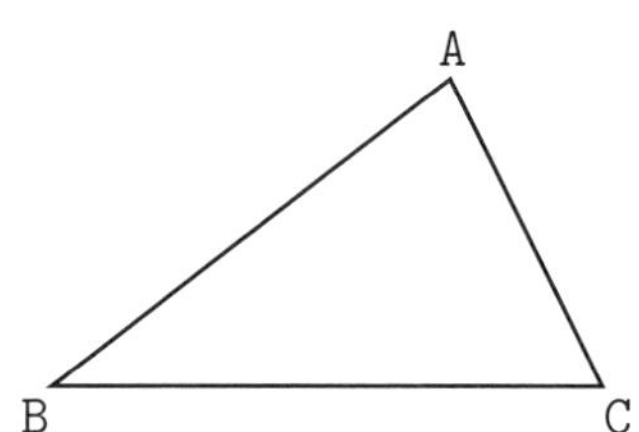

(2) 線分ABとBCとCDからの距離が等しい点P

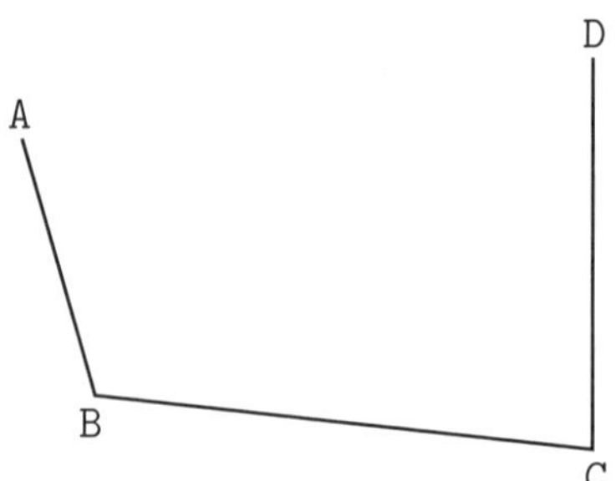

82 LEVEL ★★★★★

垂線の作図①

学習日　　月　　日

解答 p.37

例題 **点Aを通り，直線XYの垂線を作図しなさい。**

解 点Aを中心とする円をかく。…①

①の円と直線XYとの交点の2つを中心として，等しい半径の円をかく。…②

②の2つの円の交点とAを通る直線をひく。…③

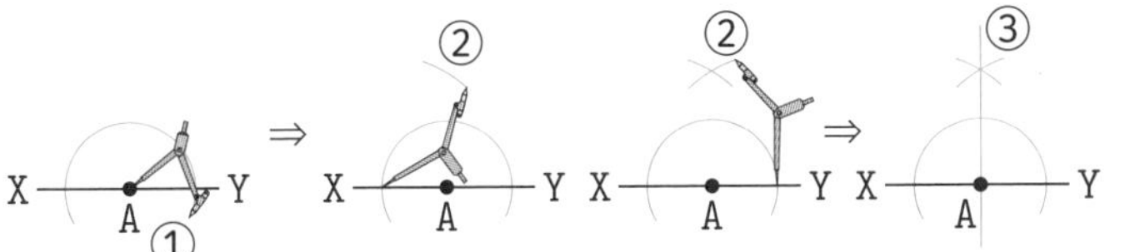

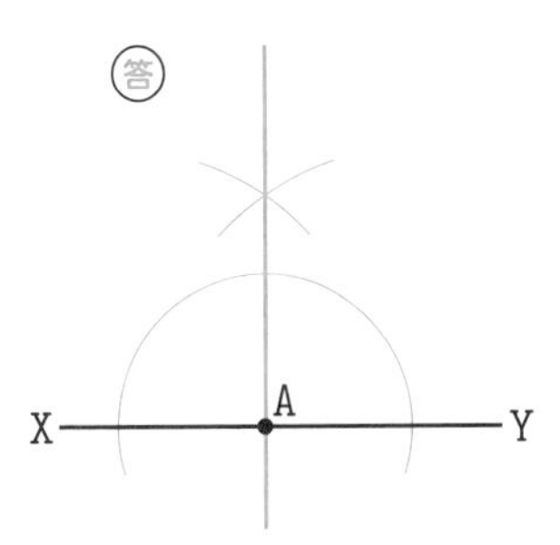

1 **次の作図をしなさい。**

(1) 点Aを通り，直線XYの垂線

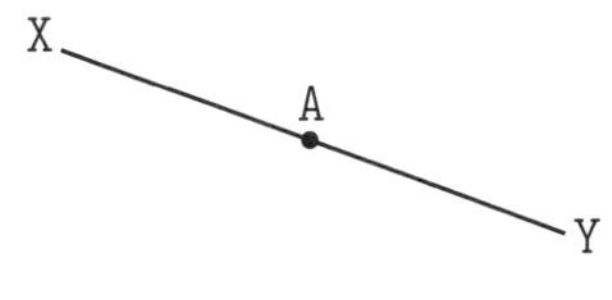

(2) 点Aを通り，直線XYの垂線

2 **次の作図をしなさい。**

(1) 平行四辺形ABCDで，底辺をBCとしたときの高さPH

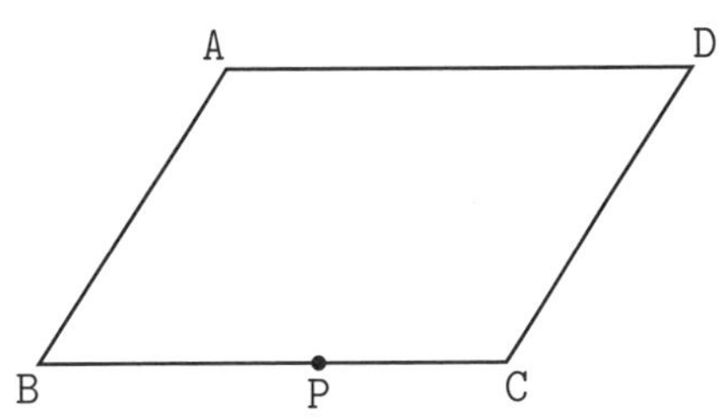

(2) 台形ABCDにおける高さPH

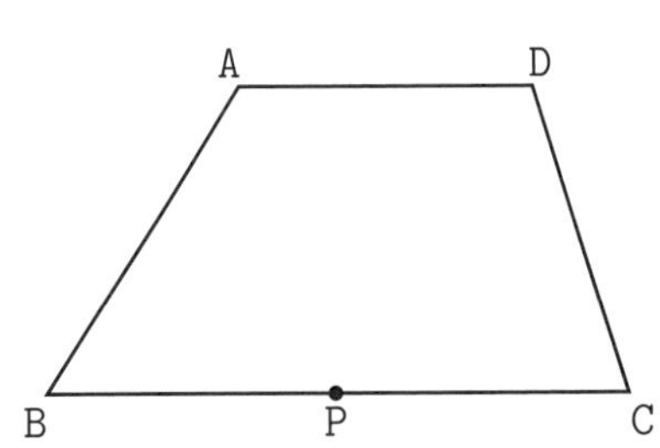

5章 平面図形

83 LEVEL ★★★★★

垂線の作図②

学習日 　月　日

解答 p.37

例題 **次の作図をしなさい。**

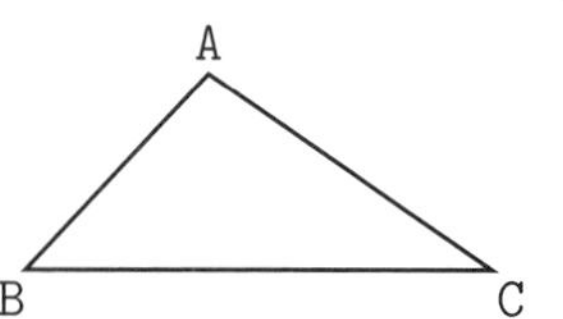

(1) 点Aから直線BCにひいた垂線

(2) △ABCで，底辺をBCとしたときの高さをAHとするときの点H

解 (1) 点Aを中心とする円をかく。…①

①の円と直線BCとの交点の2つを中心として，等しい半径の円をかく。…②

②の2つの円の交点とAを通る直線をひく。…③

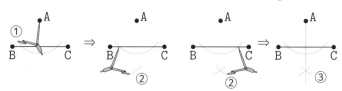

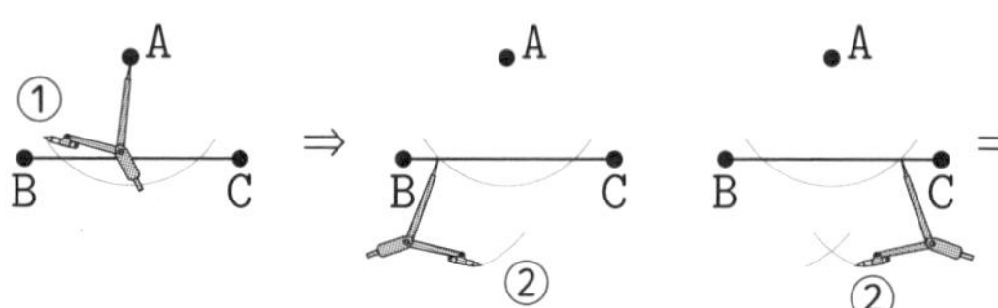

答

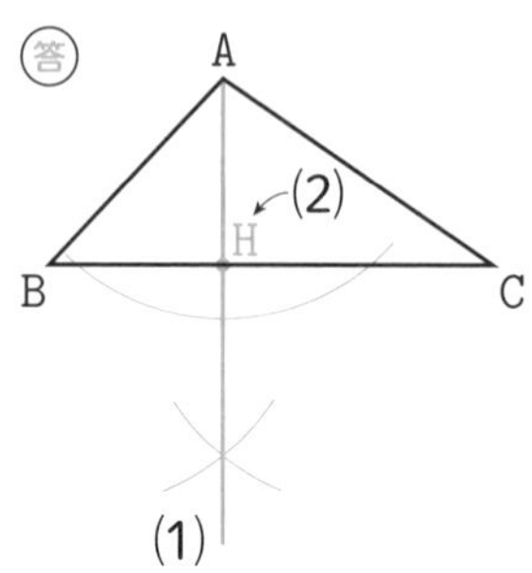

(2) Aを通り，直線BCに垂直な直線と直線BCとの交点がHとなる。

1 **次の作図をしなさい。**

(1) 点Aから直線XYにひいた垂線

A

(2) 点Aから直線XYにひいた垂線

2 **次の作図をしなさい。**

(1) △ABCで，底辺をABとしたときの高さをCHとするときの点H

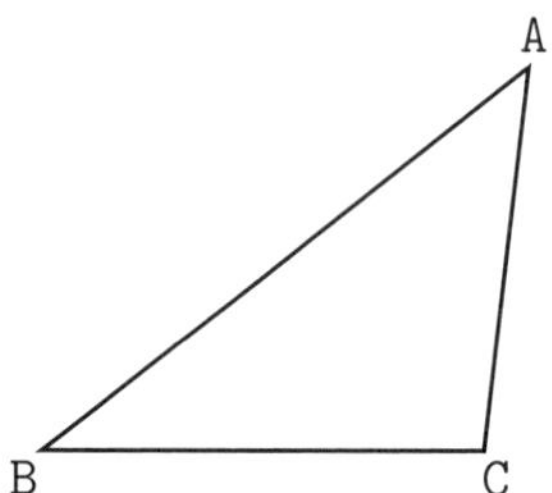

(2) △ABCで，底辺をBCとしたときの高さをAHとするときの点H

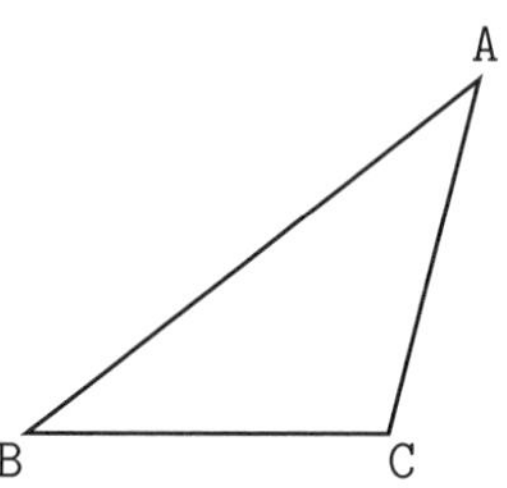

84 いろいろな作図

LEVEL ★★★★★

学習日　　月　　日　解答 p.38

例題1 Aを接点とする円Oの接線を作図しなさい。

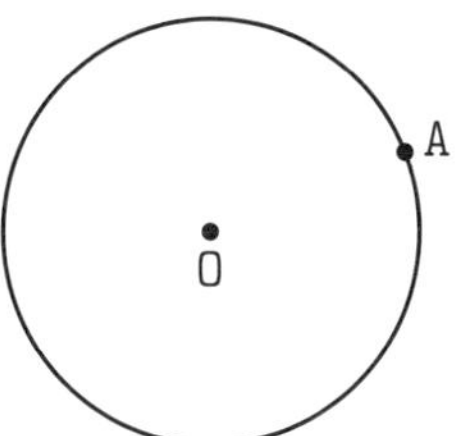

解 接線は，接点と中心をむすぶ直線に垂直に交わることを利用する。直線OAをひき，点Aを通るOAの垂線がAを接点とする円Oの接線となる。

答

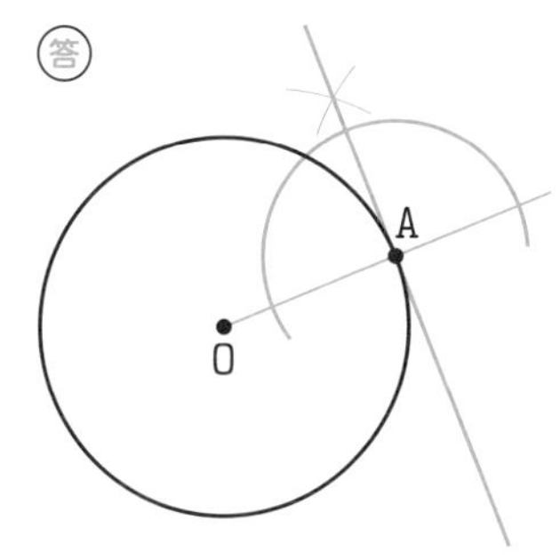

例題2 ℓ上の点で，∠ACB=45°となる点Aを作図しなさい。

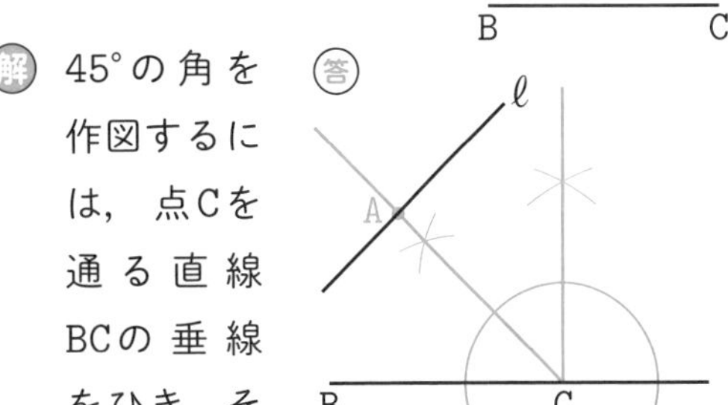

解 45°の角を作図するには，点Cを通る直線BCの垂線をひき，その垂線とBCからなる角の二等分線を作図する。

答

1 次の作図をしなさい。

(1) Aを接点とする円Oの接線

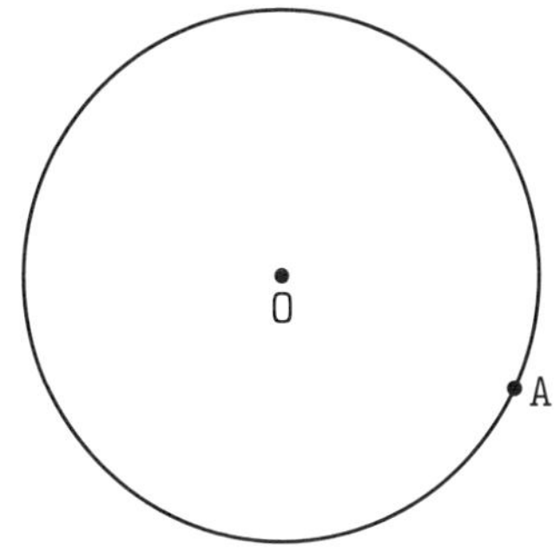

(2) Aを接点とする円Oの接線

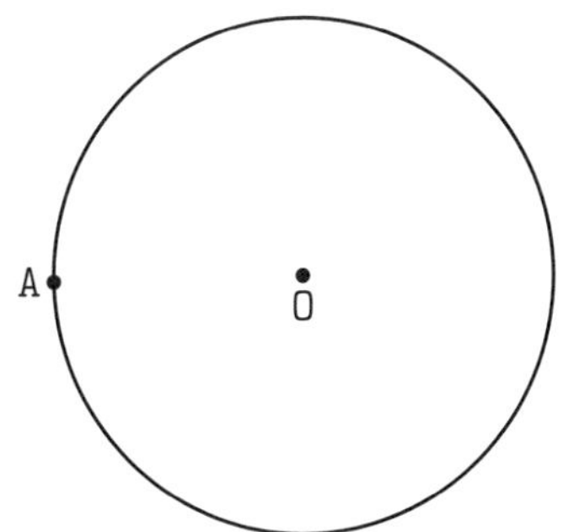

2 次の作図をしなさい。

(1) ℓ上の点で，∠ABC=60°となる点A

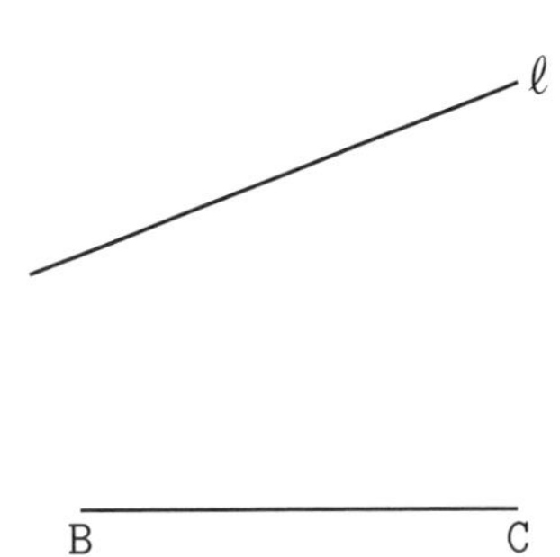

(2) 30°の大きさの角

5章 平面図形

85 円とおうぎ形の性質

LEVEL ★★★★★

学習日　月　日

解答 p.38

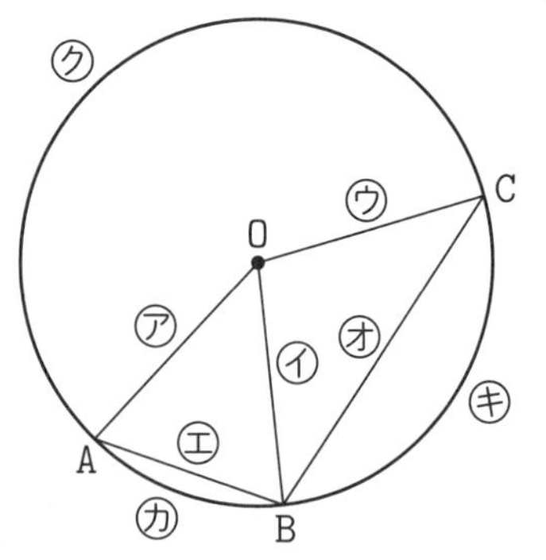

例題 右の図について，次の問いに答えなさい。

(1) 次のものを㋐〜㋗の中から選びなさい。

① 弧(こ)AB　② 弦(げん)BC

(2) $\overset{\frown}{BC}$に対する中心角(ちゅうしんかく)を記号∠を使って表しなさい。

(3) ∠BOCは∠AOBの大きさの2倍になっているとき，$\overset{\frown}{BC}$は$\overset{\frown}{AB}$の長さの何倍か答えなさい。

解 (1) ① ㋕　② ㋔　…答

円周上に2点P，Qをとるとき，円周のPからQまでの部分を，弧PQといい，$\overset{\frown}{PQ}$と表す。$\overset{\frown}{PQ}$の両端(りょうたん)の点を結んだ線分を，弦PQという。

弦PQ
P
Q
弧PQ

(2) ∠BOC　…答

円の中心と円周上の2点P，Qを結んでできた角が$\overset{\frown}{PQ}$に対する中心角であり，∠POQと表す。

中心角∠POQ
O
P
Q

(3) $\overset{\frown}{BC}$は$\overset{\frown}{AB}$の**2倍**　…答

1つの円では，おうぎ形(がた)の弧の長さや面積は，中心角の大きさに比例する。

1 下の図について，次のものを㋐〜㋛の中から選びなさい。

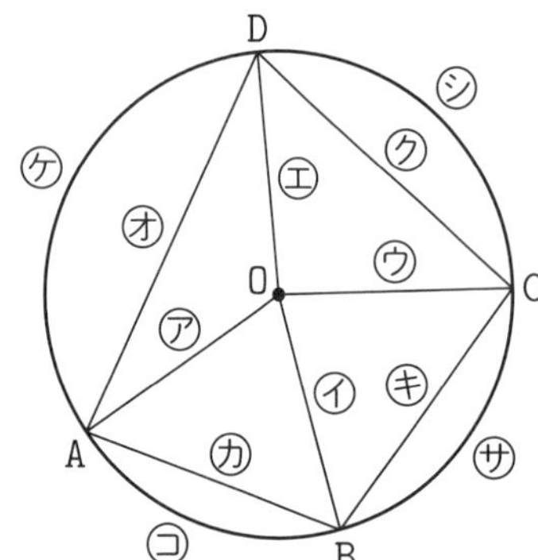

(1) 弧AB

(2) 弧CD

(3) 弦BC

(4) 弦DA

2 次の問いに答えなさい。

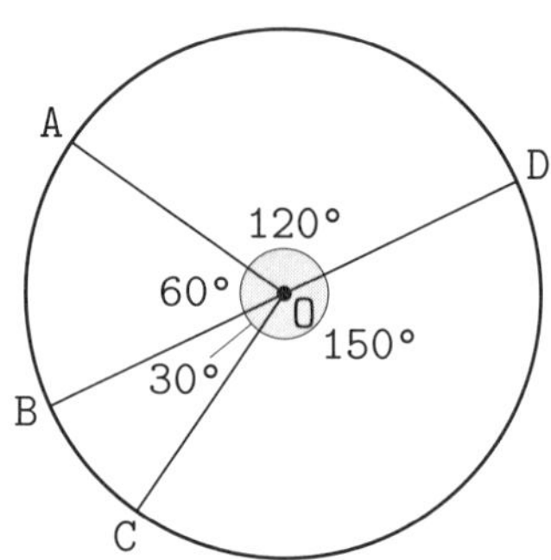

(1) $\overset{\frown}{AC}$に対する中心角を記号∠を使って表しなさい。

(2) $\overset{\frown}{AD}$は$\overset{\frown}{AB}$の長さの何倍か，求めなさい。

86 LEVEL ★★★★★ おうぎ形の計量①

学習日　月　日
解答 p.39

例題1 **半径が5cmの円の円周の長さと面積を求めなさい。**

解 半径が5cmの円周の長さは，

$\ell=2\pi\times5=10\pi$(cm)　…答

半径が5cmの円の面積は，

$S=\pi\times5^2=25\pi$(cm²)　…答

半径 r の円の周の長さを ℓ，面積を S とすると

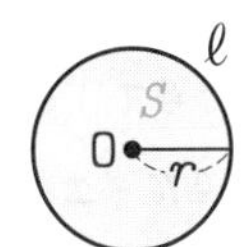

周の長さ $\ell=2\pi r$

面積 $S=\pi r^2$

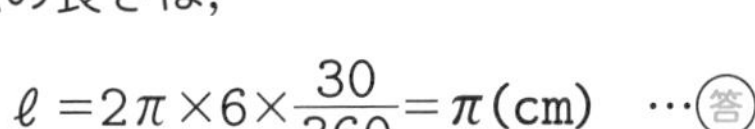

円周率は$\dfrac{円周}{直径}$=3.141592………で，以降 π で表します。

例題2 **右のおうぎ形の弧の長さと面積を求めなさい。**

解 このおうぎ形の半径は6cm，中心角は30°だから，

弧の長さは，

$\ell=2\pi\times6\times\dfrac{30}{360}=\pi$(cm)　…答

面積は，

$S=\pi\times6^2\times\dfrac{30}{360}=3\pi$(cm²)　…答

半径 r，中心角 a°のおうぎ形の弧の長さを ℓ，面積を S とすると

弧の長さ $\ell=2\pi r\times\dfrac{a}{360}$

面積 $S=\pi r^2\times\dfrac{a}{360}$

1 **半径が8cmの円について次のものを求めなさい。**

(1) 周の長さ

(2) 面積

2 **次のようなおうぎ形の弧の長さと面積を求めなさい。**

(1)

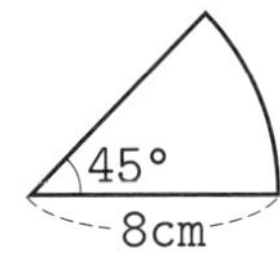

① 弧の長さ

② 面積

(2) 半径6cm，中心角120°のおうぎ形

① 弧の長さ

② 面積

(3) 半径10cm，中心角144°のおうぎ形

① 弧の長さ

② 面積

5章 平面図形

87 LEVEL ★★★★★ おうぎ形の計量②

学習日　月　日
解答 p.39

例題 半径が12cm, 弧の長さが4πcmのおうぎ形がある。このとき，次の問いに答えなさい。

(1) このおうぎ形の中心角を求めなさい。　(2) このおうぎ形の面積を求めなさい。

解 (1) 半径12cmの円周の長さは$2\pi\times12=24\pi$(cm)であり，
中心角の大きさを$x°$とすると，$4\pi:24\pi=x:360$
が成り立つ。これを解くと，$24\pi\times x=4\pi\times360$
$x=60$より，60°　…答

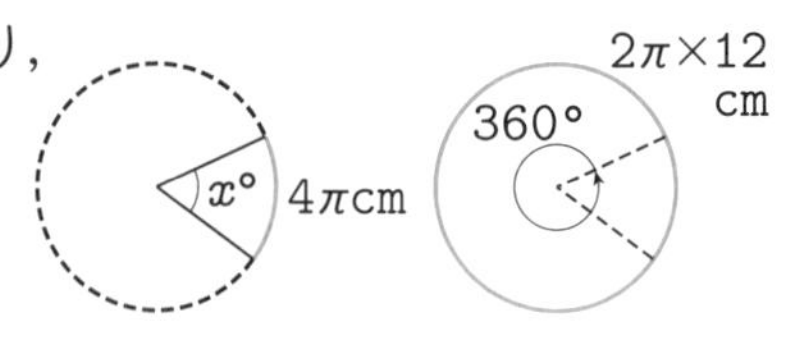

半径の等しい円とおうぎ形では，(おうぎ形の弧の長さ)：(円周の長さ)＝(中心角の大きさ)：360が成り立つ。

(2) (1)より，半径は12cm，中心角は60°のおうぎ形の面積は，
$S=\pi\times12^2\times\frac{60}{360}=24\pi(\text{cm}^2)$　…答

1 次のおうぎ形の中心角を求めなさい。

(1) 半径6cm，弧の長さπcm

(2) 半径8cm，弧の長さ2πcm

(3) 半径5cm，弧の長さ5πcm

(4) 半径4cm，弧の長さ5πcm

2 次の問いに答えなさい。

(1) 半径8cm，弧の長さ4πcmのおうぎ形について，次の問いに答えなさい。

① このおうぎ形の中心角を求めなさい。

② このおうぎ形の面積を求めなさい。

(2) 半径12cm，弧の長さ8πcmのおうぎ形について，次の問いに答えなさい。

① このおうぎ形の中心角を求めなさい。

② このおうぎ形の面積を求めなさい。

88 LEVEL ★★★★★ いろいろな図形の計量

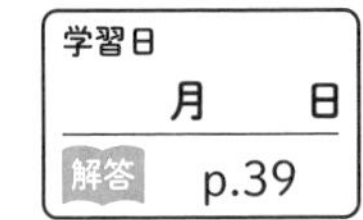

例題 **右の図形について，次の問いに答えなさい。**

(1) 色のついた部分の周りの長さを求めなさい。

(2) 色のついた部分の面積を求めなさい。

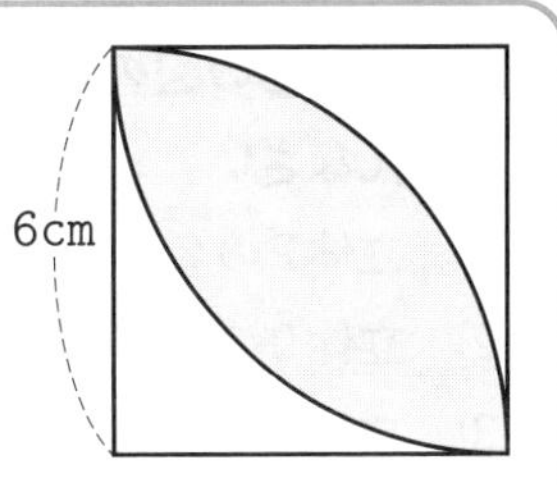

解 (1) 周りの長さは，半径が6cm，中心角が90°のおうぎ形の弧の長さが2つ分になるので，$\left(2\pi\times6\times\frac{90}{360}\right)\times2=$**6π(cm)** …答

(2) まず，右下の図形の面積を考える。

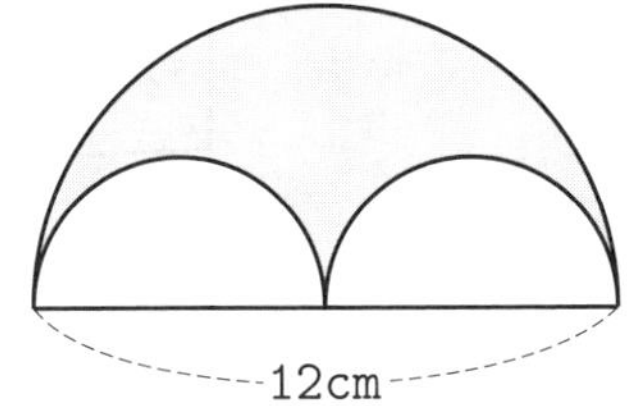

$=\pi\times6^2\times\frac{90}{360}-\frac{1}{2}\times6\times6=9\pi-18(cm^2)$より，求める面積は，

この図形の2倍だから，$(9\pi-18)\times2=$**18π−36(cm²)** …答

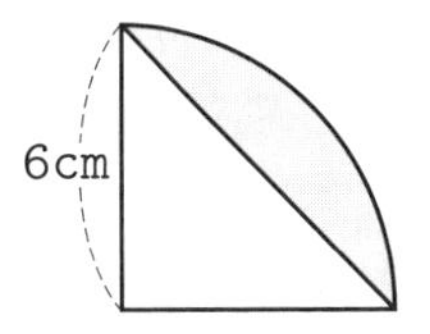

1 **次の図形について，色のついた部分の周りの長さ求めなさい。**

(1)

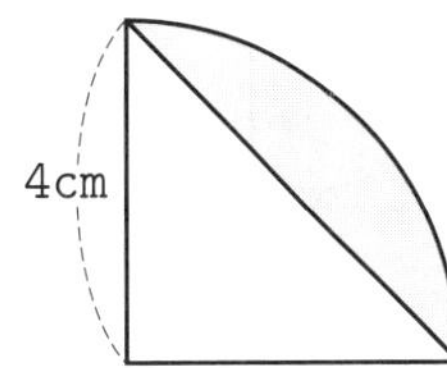

(2)

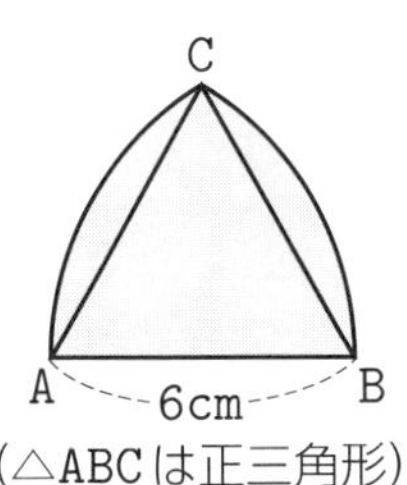

(△ABCは正三角形)

2 **次の図形について，色のついた部分の面積を求めなさい。**

(1)

4cm

(2)

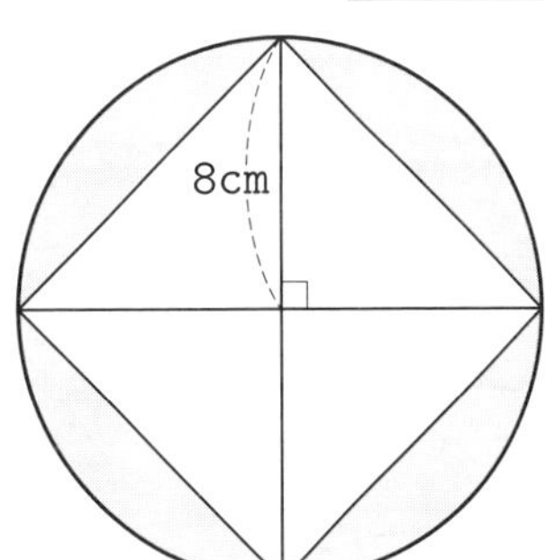

5章 平面図形

89 いろいろな立体

LEVEL ★★★★★

学習日　　月　　日
解答 p.40

例題 **右の図のような立体PとQについて，次の問いに答えなさい。**

(1)　立体Pの名称(めいしょう)を答えなさい。

(2)　立体Qの名称を答えなさい。

(3)　立体Qは何面体といえるか答えなさい。

解　(1)　立体Pは底面が円の錐体(すいたい)なので，**円錐**(えんすい)　…答

(2)　立体Qは底面が四角形の錐体なので，**四角錐**(しかくすい)　…答

(3)　立体Qの底面は１つ，側面は４つあるので，面の数は1+4=5だから，**五面体**　…答

平面だけで囲まれた立体を多面体(ためんたい)といい，面の数がnのとき，n面体という。

1 **次の立体の名称を答えなさい。**

(1)

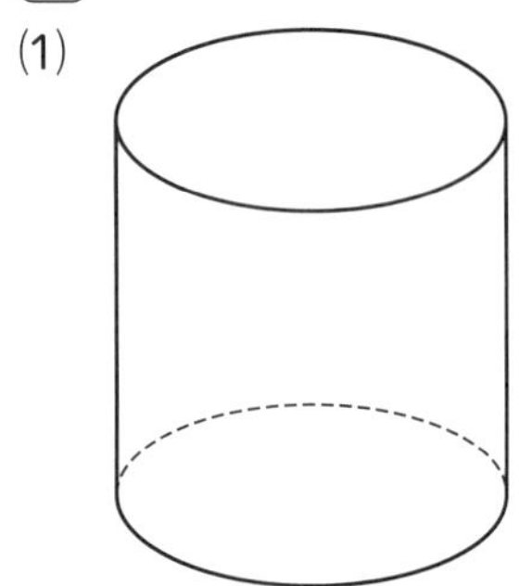

(2)

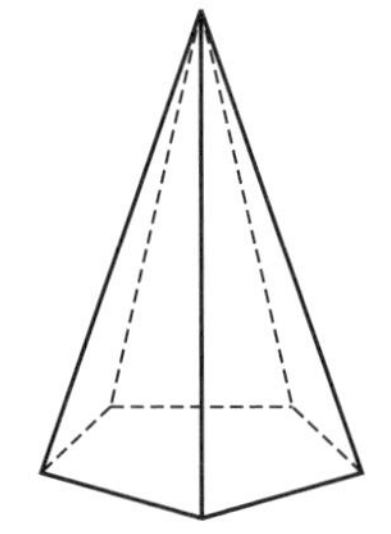

(3)

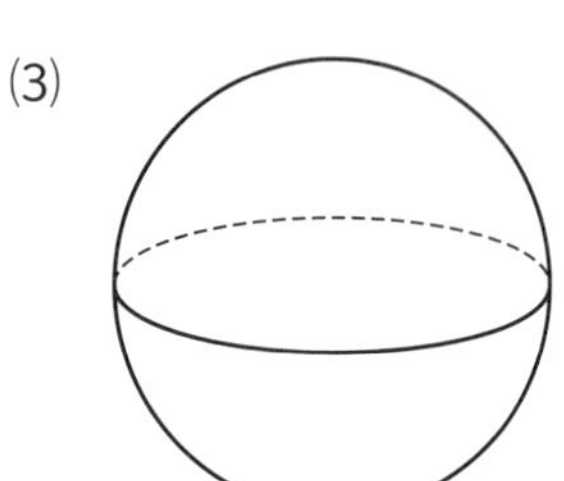

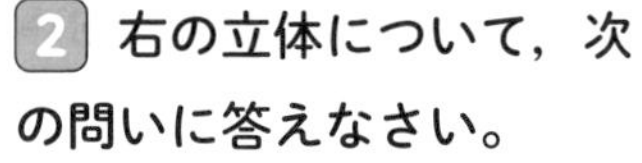

2 **右の立体について，次の問いに答えなさい。**

(1)　この立体の名称を答えなさい。

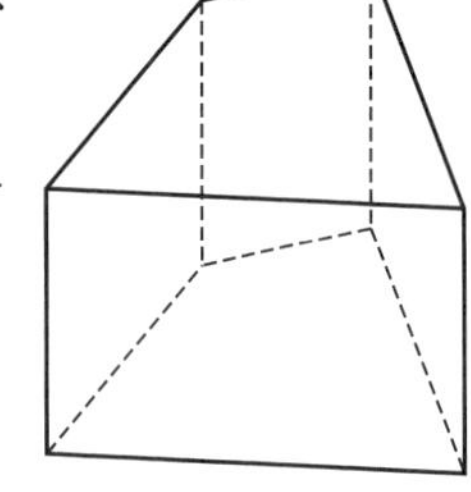

(2)　この立体は何面体といえるか答えなさい。

3 **右の立体について，次の問いに答えなさい。**

(1)　この立体の名称を答えなさい。

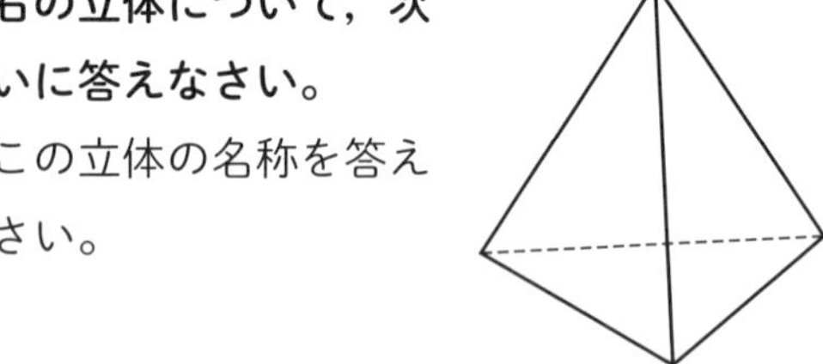

(2)　この立体は何面体といえるか答えなさい。

直線や平面の位置関係①

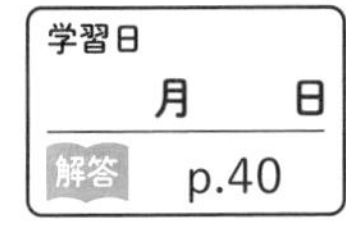

例題 **右の図の直方体について，次の関係にある直線をすべて答えなさい。**

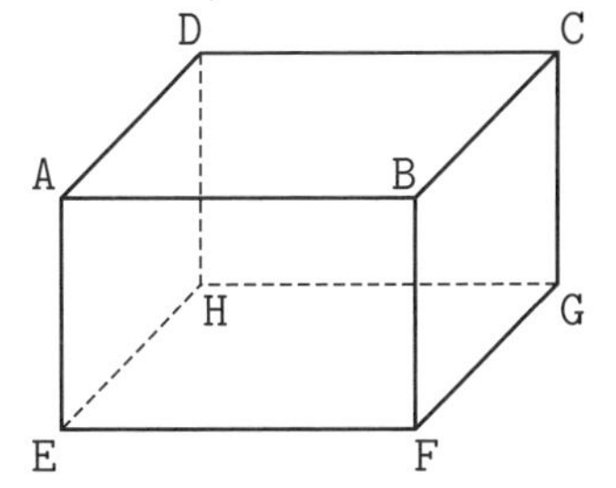

(1) 直線ABと交わる直線　(2) 直線ABに平行な直線

(3) 直線ABとねじれの位置にある直線

解 (1) 直線ABと交わる直線を選ぶと，

直線BC，AE，AD，BF …答

(2) 直線ABと同じ平面上にあり，交わらないものを選ぶ。直線ABとDCは面ABCD上にあり，交わらない。直線ABとEFは面AEFB上にあり，交わらない。直線ABとHGは面AHGB上にあり，交わらない。よって，**直線DC，EF，HG** …答

(3) 直線ABと平行でなく，交わらないものを選ぶ。

(1)，(2)より，**直線DH，EH，CG，FG** …答

空間内の2直線が，平行でなく，交わらないとき，その2直線は，ねじれの位置にある。

1 右の図の直方体について，次の関係にある直線をすべて答えなさい。

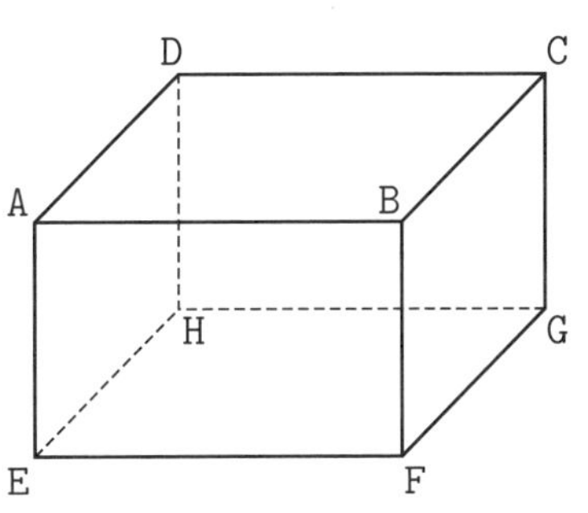

(1) 直線AEと交わる直線

(2) 直線AEに平行な直線

(3) 直線AEとねじれの位置にある直線

(4) 直線AEと平行で，直線EHと垂直な直線

2 右の図の三角柱について，次の関係にある直線をすべて答えなさい。

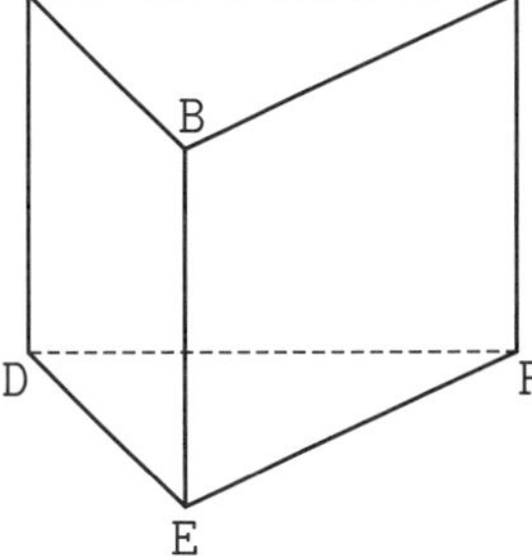

(1) 直線ACに垂直な直線

(2) 直線ACに平行な直線

(3) 直線ACとねじれの位置にある直線

(4) 直線ACとねじれの位置にあり，BCと平行な直線

91 LEVEL ★★★★★ 直線や平面の位置関係②

学習日　月　日

解答 p.41

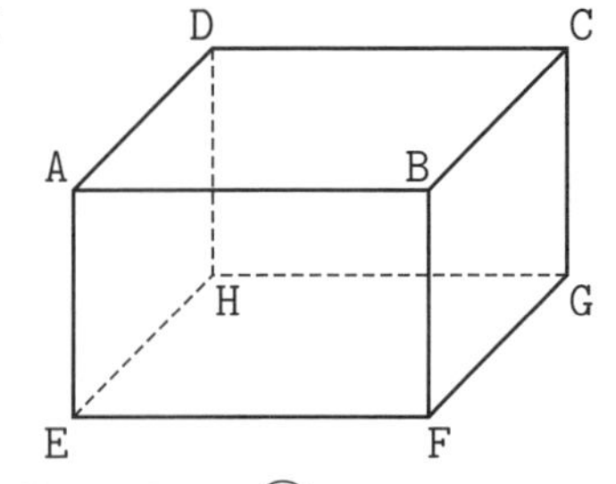

例題　右の図の直方体について，次にあてはまるものをすべて答えなさい。

(1)　面ABCDと垂直な直線　　(2)　面ABCDと平行な直線

(3)　面ABCDと垂直な面　　(4)　面ABCDと平行な面

解 (1)　面ABCDと直線AEは，点Aで交わっていて，AB⊥AE，AD⊥AEなので，面ABCDと直線AEは垂直な関係である。同様に考えると，面ABCDと垂直な直線は，**直線AE，BF，CG，DH**　…答

直線ℓが平面Pと点Aで交わっていて，点Aを通る平面P上のすべての直線と垂直であるとき，直線ℓと平面Pは垂直

(2)　面ABCDと交わらない直線を選ぶと，**直線EF，FG，GH，HE**　…答

直線ℓと平面Pが交わらないとき，直線ℓと平面Pは平行

(3)　(1)より面ABCDと直線AEは垂直であり，面AEFBと面AEHDは直線AEをふくんでいるので，面ABCDと垂直な面は面AEFB，AEHDである。同様に考えると，面ABCDと垂直な面は，**面AEFB，AEHD，BFGC，CGHD**　…答

平面PとQが交わっていて，平面Qが平面Pに垂直な直線ℓをふくんでいるとき，2つの平面P，Qは垂直

(4)　面ABCDと交わらない面は，**面EFGH**　…答

2つの平面P，Qが交わらないとき，平面P，Qは平行

1 右の図の直方体について，次にあてはまるものをすべて答えなさい。

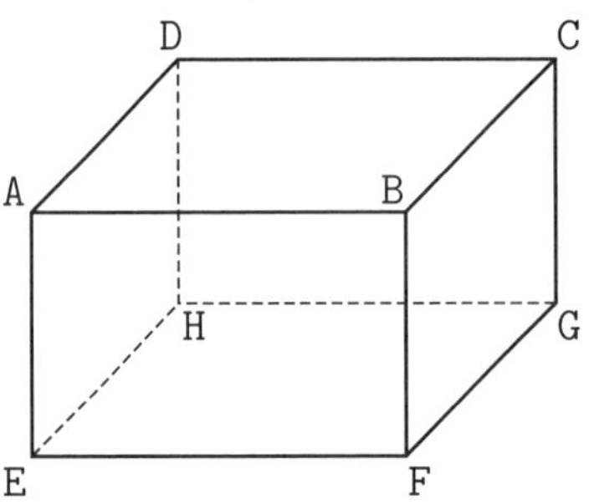

(1)　面AEFBと垂直な直線

(2)　面AEFBと平行な直線

(3)　面AEFBと垂直な面

(4)　面AEFBと平行な面

2 右の図の三角柱について，次にあてはまるものをすべて答えなさい。

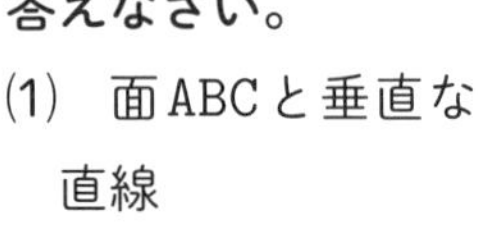

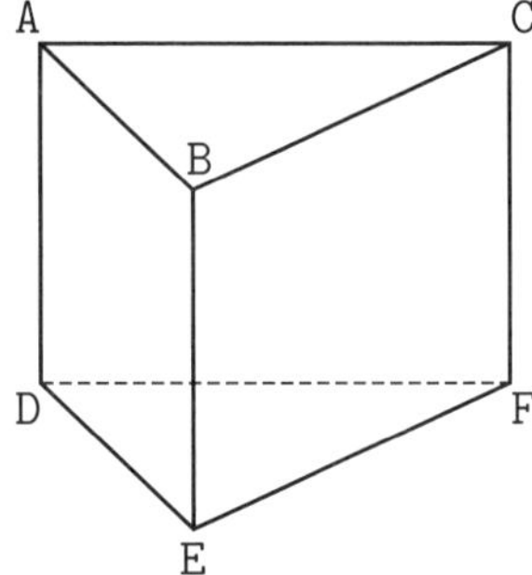

(1)　面ABCと垂直な直線

(2)　面ABCと平行な直線

(3)　面ABCと垂直な面

(4)　面ABCと平行な面

92 回転体

LEVEL ★★★★★

学習日　月　日

解答 p.41

例題　右の図1の長方形を，直線ℓを回転の軸として1回転させてできる立体の名称(めいしょう)を答えなさい。

図1

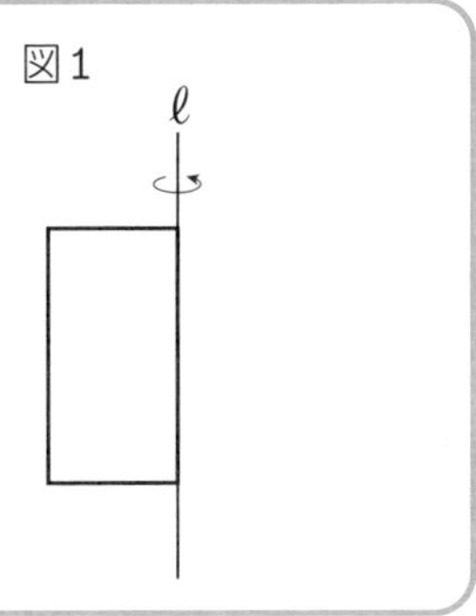

解　図2より，長方形を，ある辺を軸として1回転させてできる立体は，**円柱**　…答

図2

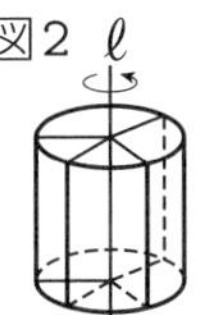

1 次の図形を，直線ℓを回転の軸として1回転させてできる立体の名称をいいなさい。

(1)

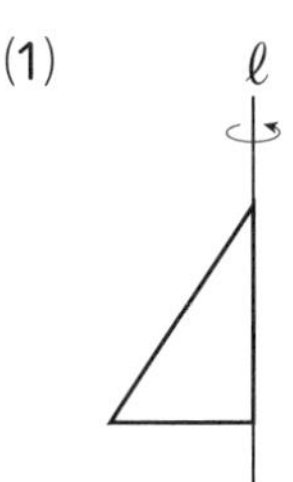

(2)

(3)

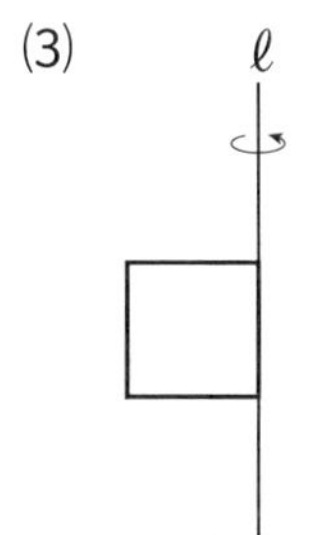

2 次の立体について，次の問いに答えなさい。

(1) 右の図のような円錐(すい)は，㋐〜㋓の1つの図形を，直線ℓを軸として1回転させてできる回転体である。どの図形の回転体か，選びなさい。

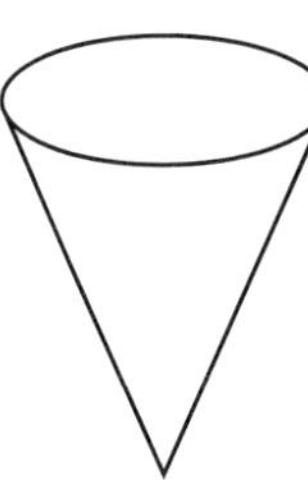

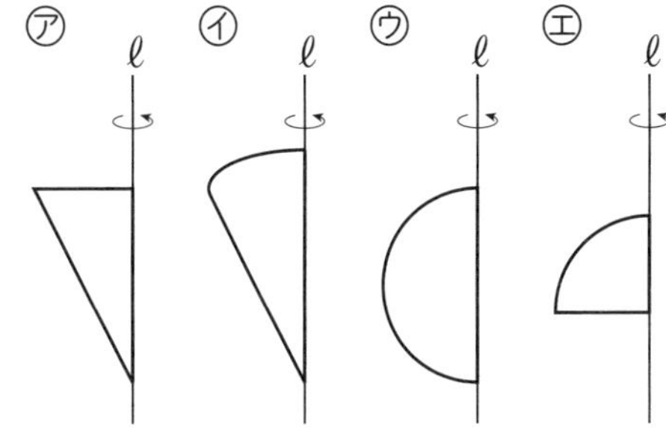

(2) 右の図のような半球は，(1)の㋐〜㋓の1つの図形を，直線ℓを軸として1回転させてできる回転体である。どの図形の回転体か，選びなさい。

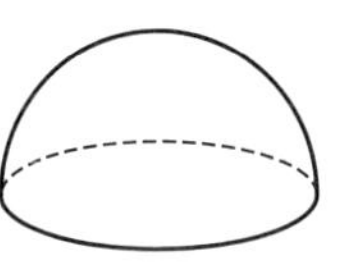

6章 空間図形

93 LEVEL ★★★★★ 展開図

学習日　　月　　日
解答 p.41

例題 右の展開図を組み立てるとき，次の問いに答えなさい。
ただし，同じ印をつけた辺は等しいものとする。

(1) 立体の名称（めいしょう）を答えなさい。
(2) 辺FGと重なる辺を答えなさい。
(3) 点Cが重なる点をすべて答えなさい。

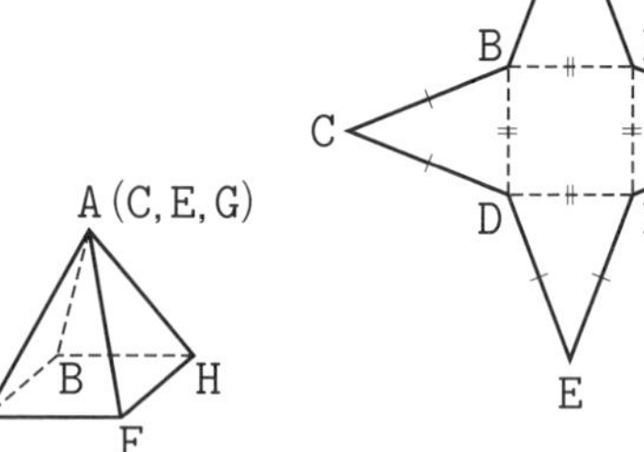

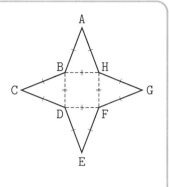

解 (1) 底面が正方形で，側面が二等辺三角形なので，**正四角錐（すい）** …答
(2) **辺FE** …答
(3) **点A，E，G** …答

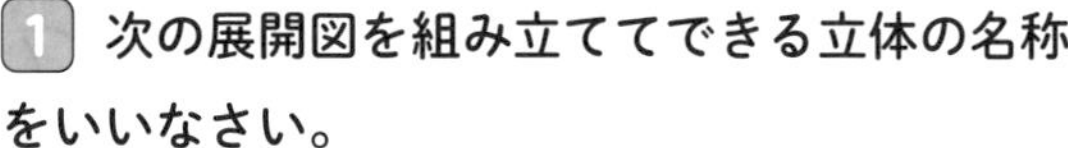

1 次の展開図を組み立ててできる立体の名称をいいなさい。

(1)

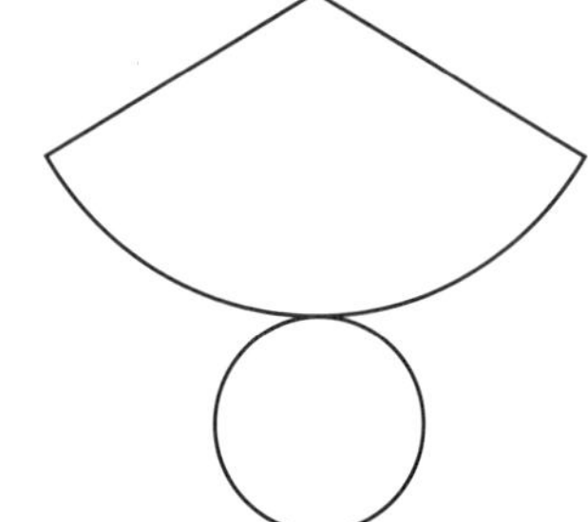

(2)

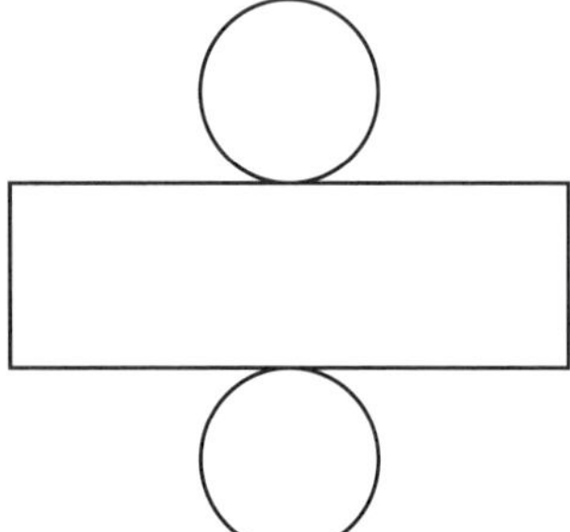

(3)

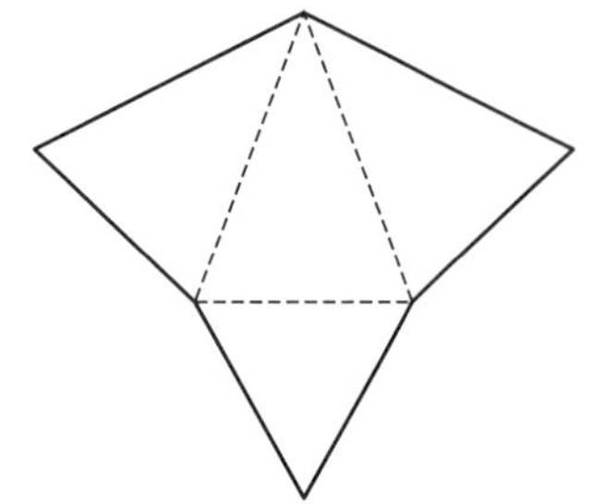

2 下の展開図を組み立てるとき，次の問いに答えなさい。

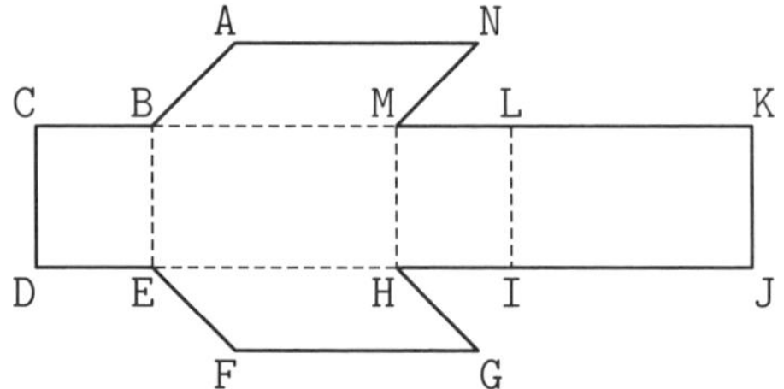

(1) 立体の名称をいいなさい。

(2) 辺IJと重なる辺を答えなさい。

(3) 点Nが重なる点を答えなさい。

(4) 点Aが重なる点をすべて答えなさい。

94 LEVEL ★★★★★

投影図

学習日 月 日
解答 p.42

例題 右の投影図(とうえいず)で表される立体の名称をいいなさい。

解 立面図(りつめんず)が三角形であることから，錐体であり，平面図(へいめんず)が四角形であることから，底面が四角形となるので，**四角錐** …答

立面図は真正面から見た図
平面図は真上から見た図

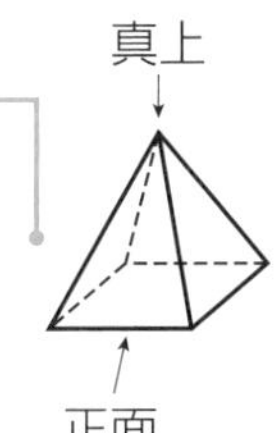

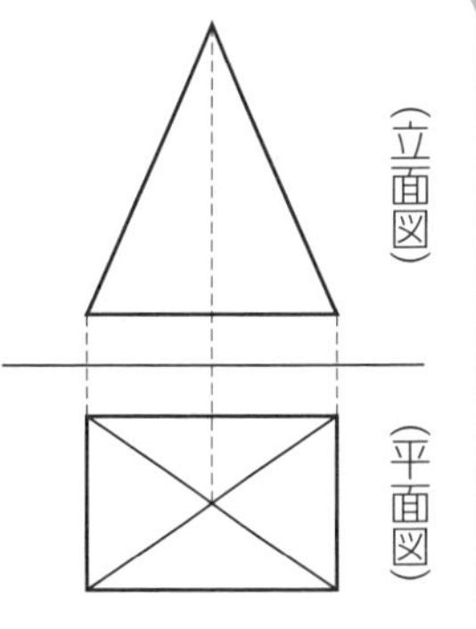

1 次の投影図で表される立体の名称をいいなさい。

(1)

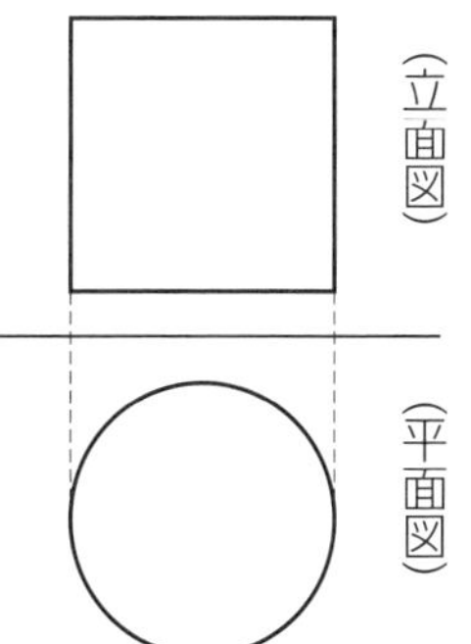

(2)

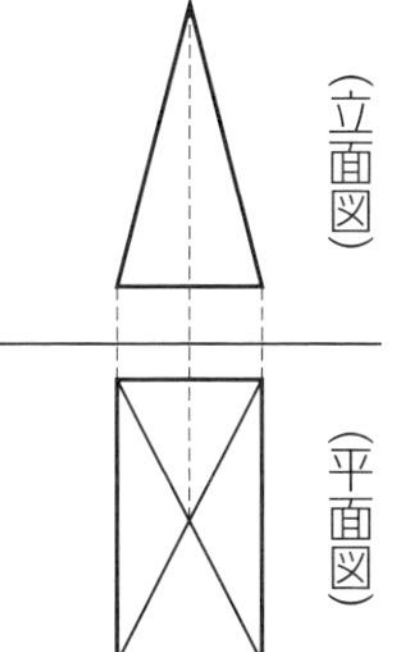

(3)

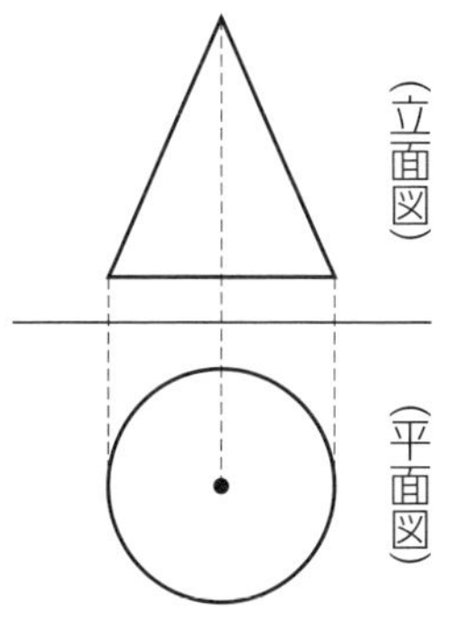

(4)

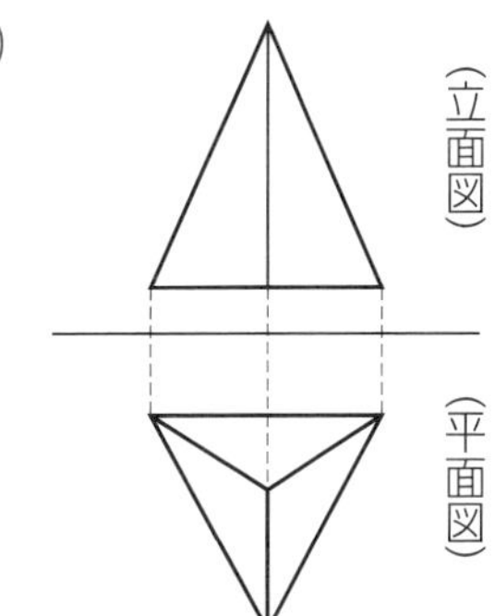

(5)

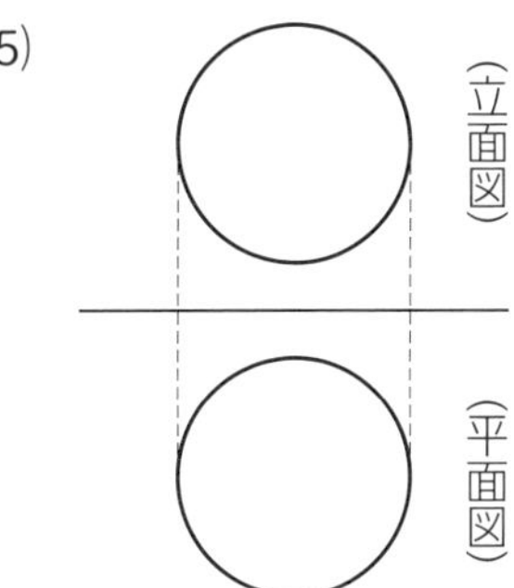

2 下の図は，ある立体の投影図である。次の立体で，考えられるものをすべて答えなさい。
直方体，円錐，球，円柱

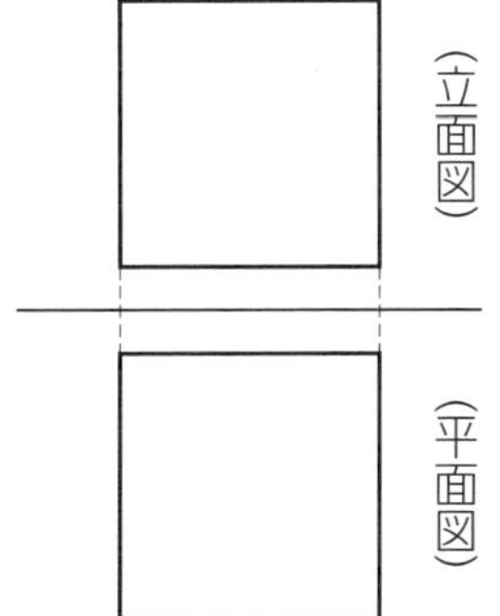

6章 空間図形

95 LEVEL ★★★★★

柱体の体積

学習日 月 日

解答 p.42

例題 右の三角柱の体積を求めなさい。

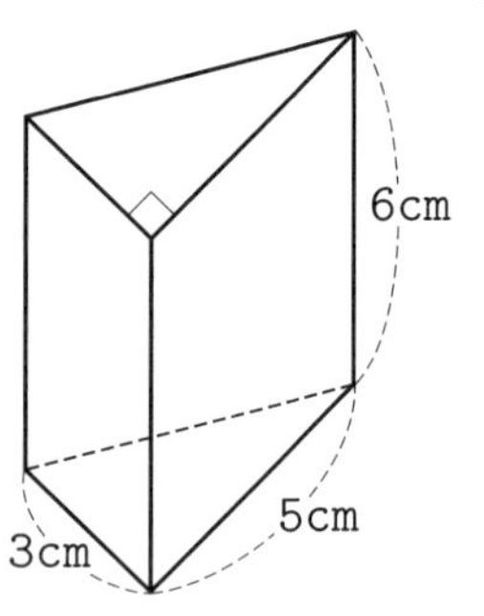

解 底面積(ていめんせき)は $S=\frac{1}{2}\times3\times5=\frac{15}{2}$(cm²)であり，高さは6cmであるから，

体積は $V=Sh=\frac{15}{2}\times6=45$(cm³) …答

角柱，円柱の底面積を S，高さを h，体積を V とすると，$V=Sh$

1 次の立体の体積を求めなさい。

(1)

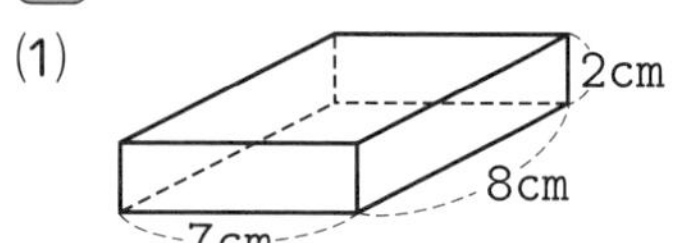

(2)

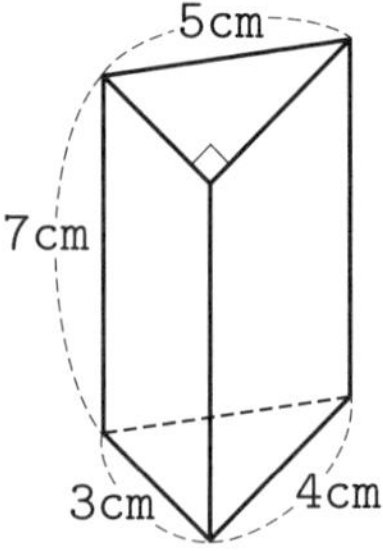

(3)

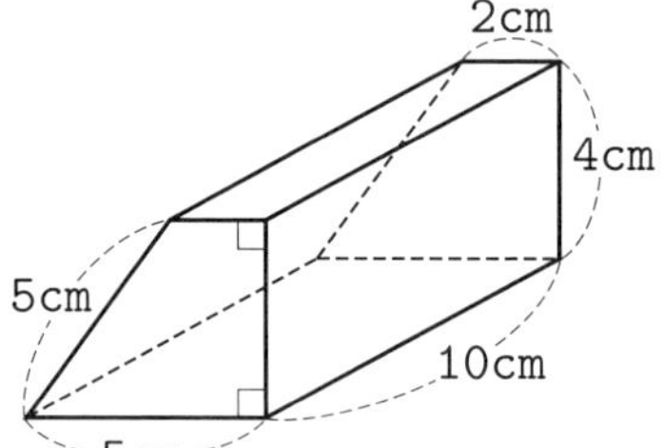

(4)

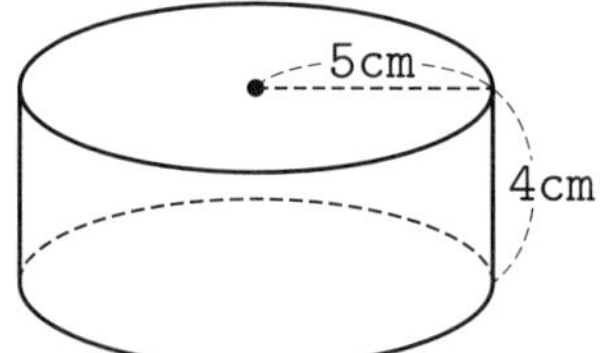

96 LEVEL ★★★★★

錐体の体積

学習日　　月　　日
解答 p.42

例題　次の円錐(すい)の体積を求めなさい。

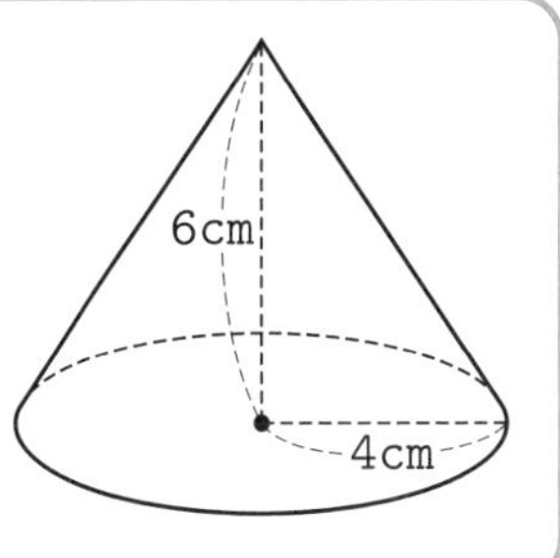

解　底面積は $S=\pi\times4^2=16\pi(\text{cm}^2)$ であり，高さは6cmであるから，

体積は $V=\frac{1}{3}Sh=\frac{1}{3}\times16\pi\times6=32\pi(\text{cm}^3)$　…答

角錐，円錐の底面積を S，高さを h，体積を V とすると，$V=\frac{1}{3}Sh$

1 次の角錐の体積を求めなさい。

(1)

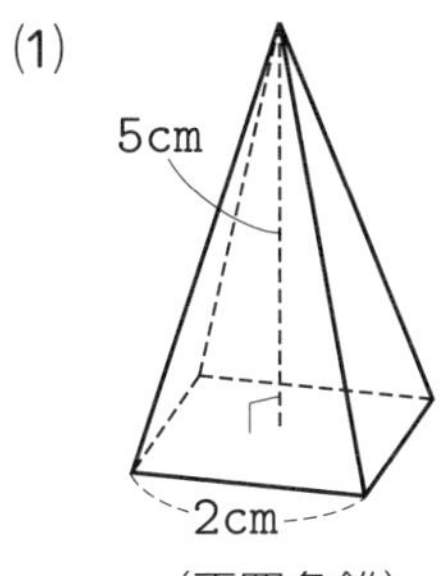

（正四角錐）

(2)

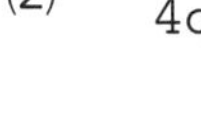

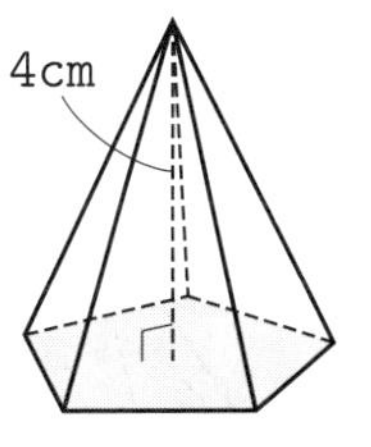

（底面積は 14cm^2）

2 次の円錐の体積を求めなさい。

(1)

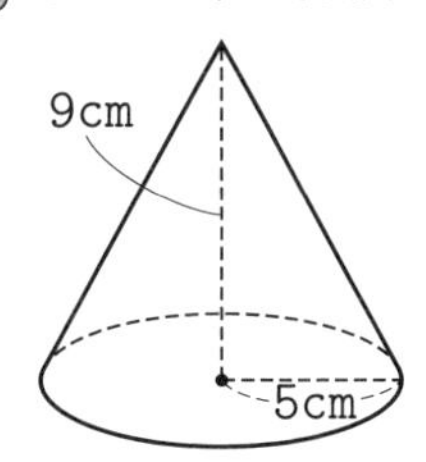

(2)

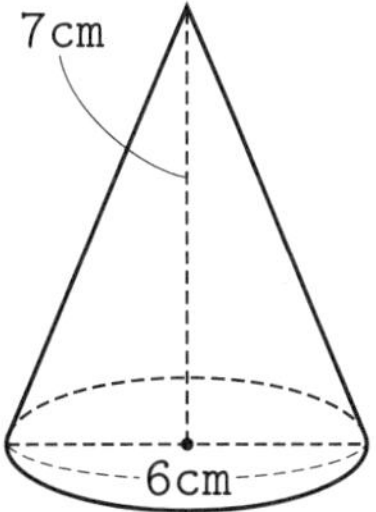

6章 空間図形

97 LEVEL ★★★★★ 角柱・角錐の表面積

学習日　月　日
解答 p.43

例題 右の正四角錐について，次の問いに答えなさい。

(1) 側面積を求めなさい。　(2) 底面積を求めなさい。

(3) 表面積を求めなさい。

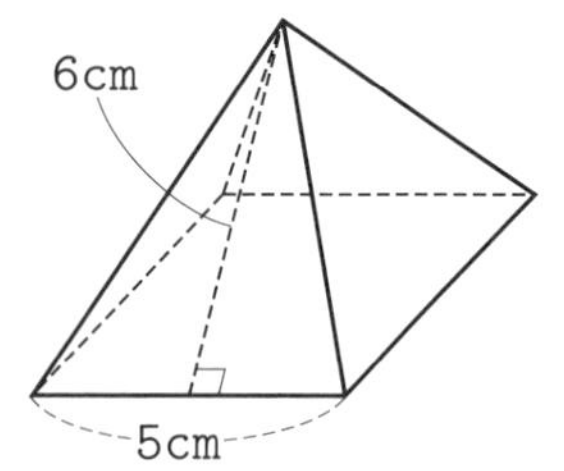

解 (1) 側面はすべて合同な二等辺三角形であり，面積はそれぞれ，

$\frac{1}{2}\times5\times6=15(\text{cm}^2)$ だから，側面積は二等辺三角形が4つ分

なので，$15\times4=$ **60(cm²)** …答

(2) 底面積は1辺が5cmの正方形なので，$5\times5=$ **25(cm²)** …答

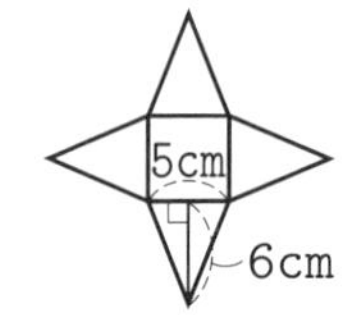

(3) 角錐の表面積は，(底面積)＋(側面積)＝25＋60＝**85(cm²)** …答

角柱の表面積は，(底面積)×2＋(側面積)であり，角錐の表面積は，(底面積)＋(側面積)である。

1 右の三角柱について，次の問いに答えなさい。

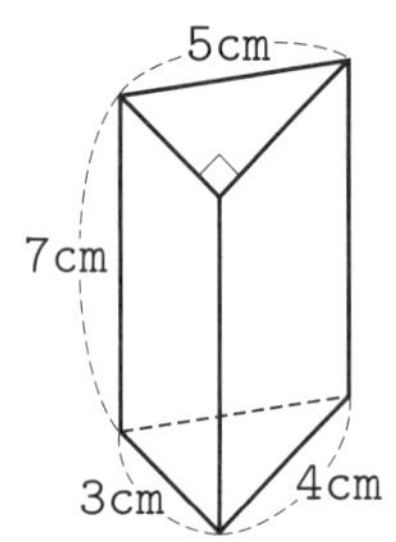

(1) 側面積を求めなさい。

(2) 底面積を求めなさい。

(3) 表面積を求めなさい。

2 右の四角柱について，表面積を求めなさい。

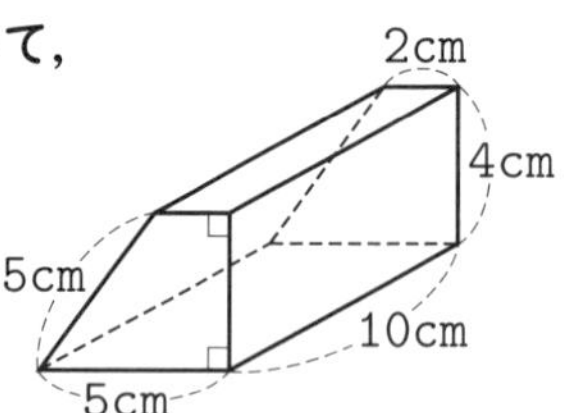

3 右の正四角錐について，次の問いに答えなさい。

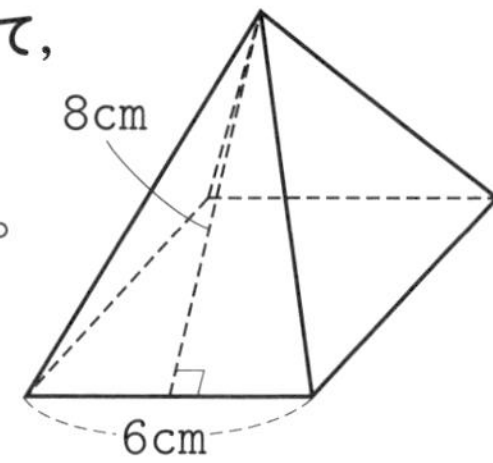

(1) 側面積を求めなさい。

(2) 底面積を求めなさい。

(3) 表面積を求めなさい。

4 右の正四角錐について，次の問いに答えなさい。

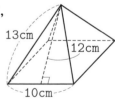

(1) 側面積を求めなさい。

(2) 底面積を求めなさい。

(3) 表面積を求めなさい。

98 LEVEL ★★★★★ 円柱・円錐の表面積

学習日　月　日
解答 p.43

例題1 右の円柱について次の問いに答えなさい。

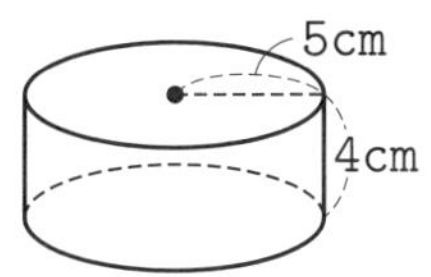

(1) 側面積を求めなさい。

(2) 底面積を求めなさい。

(3) 表面積を求めなさい。

解 (1) 側面の展開図は長方形で，横の長さは底面の円周の長さに等しくなるから，

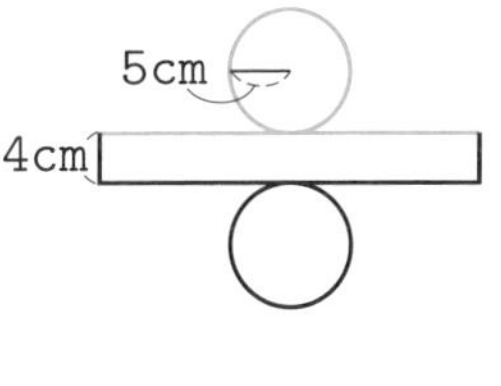

$4\times(2\pi\times5)=$**40π(cm²)** …答

(2) $\pi\times5^2=$**25π(cm²)** …答

(3) $25\pi\times2+40\pi=$**90π(cm²)** …答

例題2 右の円錐について次の問いに答えなさい。

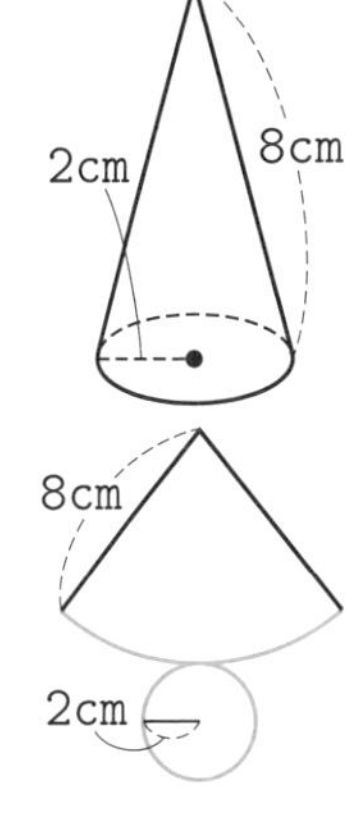

(1) 側面積を求めなさい。

(2) 底面積を求めなさい。

(3) 表面積を求めなさい。

解 (1) 側面の展開図は，半径8cmのおうぎ形である。弧の長さは，底面の円周と等しくなり，$2\pi\times2=4\pi$(cm)で，面積は，

$\frac{1}{2}\times4\pi\times8=$**$16\pi$(cm²)** …答

半径をr，弧の長さをℓとするときのおうぎ形の面積Sは，$S=\frac{1}{2}\ell r$で求めることができる。

(2) $\pi\times2^2=$**4π(cm²)** …答

(3) $4\pi+16\pi=$**20π(cm²)** …答

1 右の円柱について，次の問いに答えなさい。

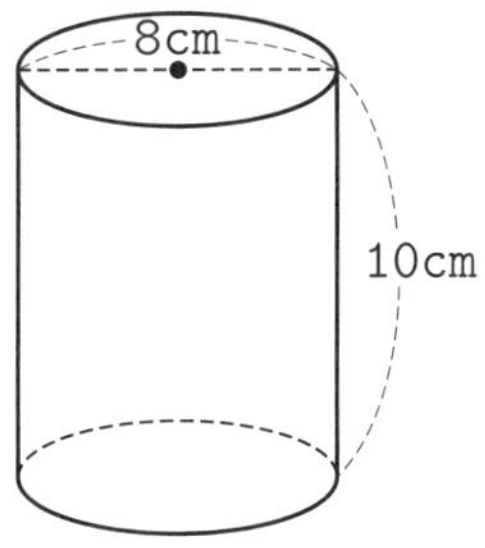

(1) 側面積を求めなさい。

(2) 底面積を求めなさい。

(3) 表面積を求めなさい。

2 右の円錐について，次の問いに答えなさい。

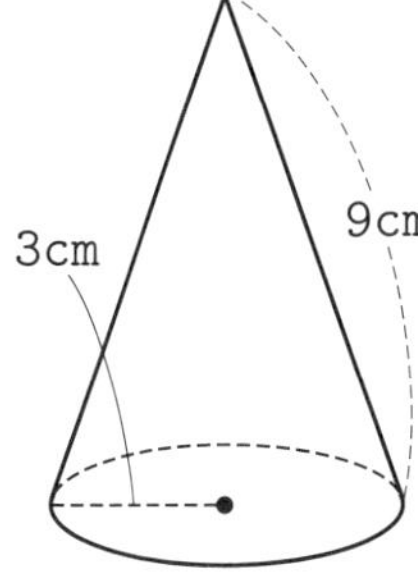

(1) 側面積を求めなさい。

(2) 底面積を求めなさい。

(3) 表面積を求めなさい。

6章 空間図形

LEVEL ★★★★★

99 球の体積・表面積

学習日　　月　　日
解答 p.44

例題1 右の球について，次の問いに答えなさい。

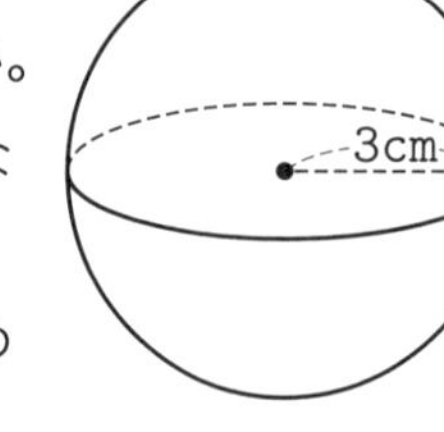

(1)　球の体積を求めなさい。

(2)　球の表面積を求めなさい。

解 (1)　半径が3 cmの球の体積は，

$V=\frac{4}{3}\pi\times3^3=36\pi(\text{cm}^3)$　…答

半径 r の球の体積を V とすると，$V=\frac{4}{3}\pi r^3$

(2)　半径が3 cmの球の表面積は，

$S=4\pi\times3^2=36\pi(\text{cm}^2)$　…答

半径 r の球の表面積を S とすると，$S=4\pi r^2$

例題2 右の半球について，次の問いに答えなさい。

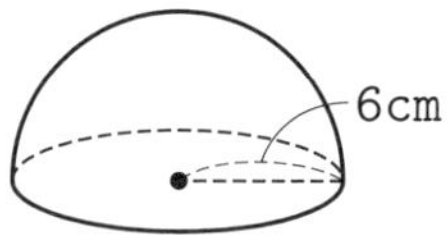

(1)　半球の体積を求めなさい。

(2)　半球の表面積を求めなさい。

解 (1)　半径が6 cmの半球の体積は，半径が6 cmの球の体積の$\frac{1}{2}$なので，

$V=\left(\frac{4}{3}\pi\times6^3\right)\times\frac{1}{2}=144\pi(\text{cm}^3)$　…答

(2)　半径が6 cmの半球の表面積は，半径が6 cmの球の表面積の$\frac{1}{2}$と，半径が6 cmの円の面積の合計なので，

$S=(4\pi\times6^2)\times\frac{1}{2}+\pi\times6^2$

$=108\pi(\text{cm}^2)$　…答

1 次の立体の体積と表面積を求めなさい。

(1)

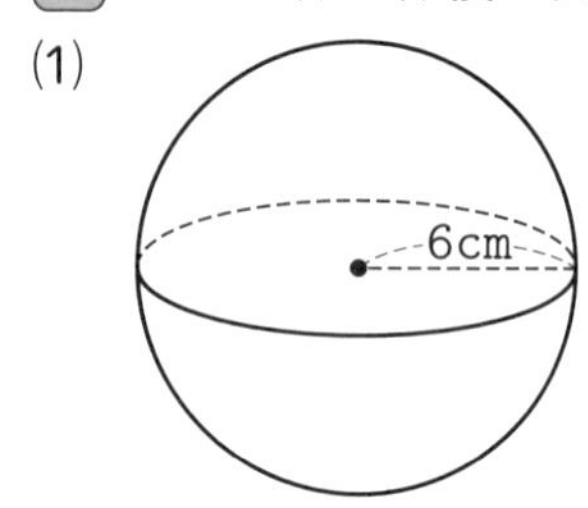

(2)

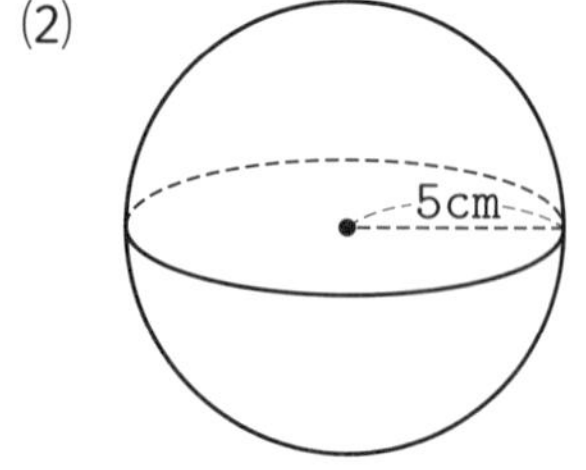

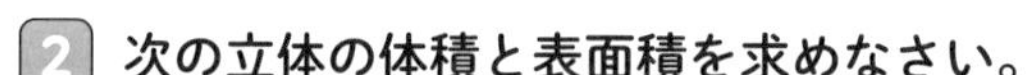

2 次の立体の体積と表面積を求めなさい。

(1)

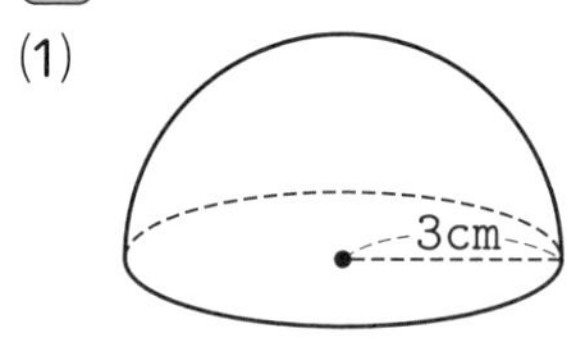

(2)

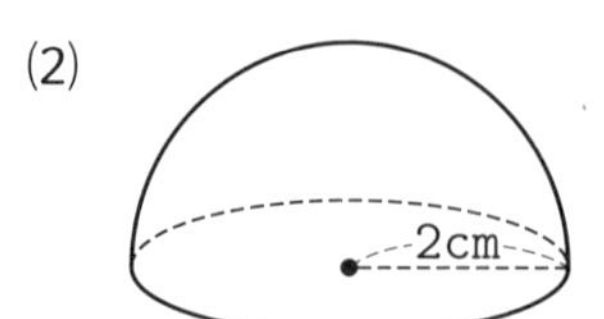

100 LEVEL ★★★★★ 複雑な形の立体の体積・表面積

学習日　　月　　日
解答 p.44

例題 右の立体について，次の問いに答えなさい。

(1) この立体の体積を求めなさい。

(2) この立体の表面積を求めなさい。

解 (1) 半径3cmの半球と，底面の半径が3cmで高さが4cmの円錐（すい）をあわせた立体であり，体積は，

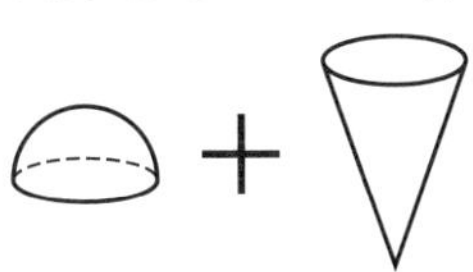

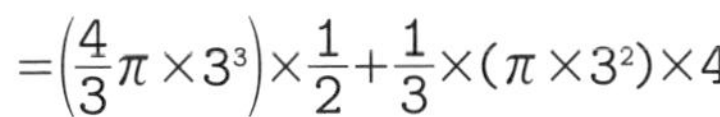

$=\left(\frac{4}{3}\pi\times3^3\right)\times\frac{1}{2}+\frac{1}{3}\times(\pi\times3^2)\times4$

$=18\pi+12\pi=$ **30π(cm^3)** …答

(2) この立体の表面積は，半径3cmの半球の曲面の面積と，底面の半径が3cm，母線が5cmの円錐の側面積をあわせて求めることができる。

半球の曲面の面積は，$(4\pi\times3^2)\times\frac{1}{2}=18\pi$(cm^2)

円錐の側面積は，$\pi\times5\times3=15\pi$(cm^2)　円錐の側面積＝母線の長さ×底面の半径×π

以上から，$18\pi+15\pi=$ **33π(cm^2)** …答

1 次の立体の体積を求めなさい。

(1)

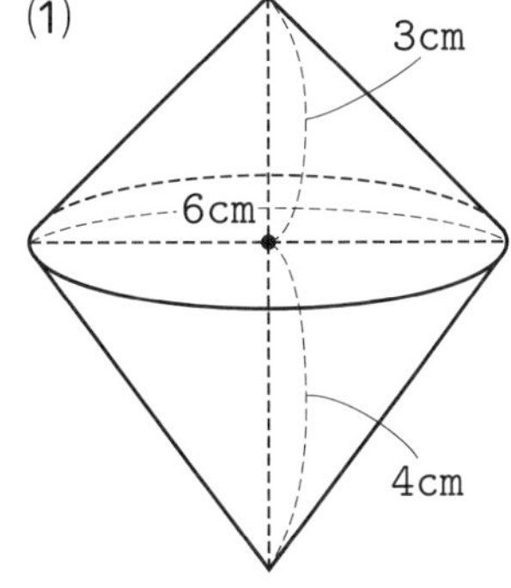

(2)

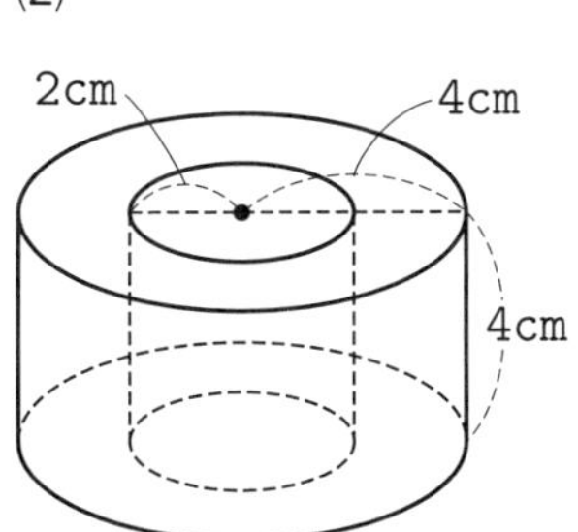

2 次の立体の表面積を求めなさい。

(1)

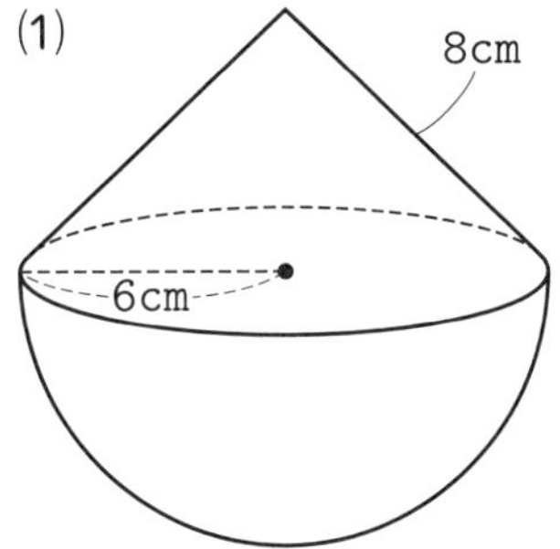

(2)

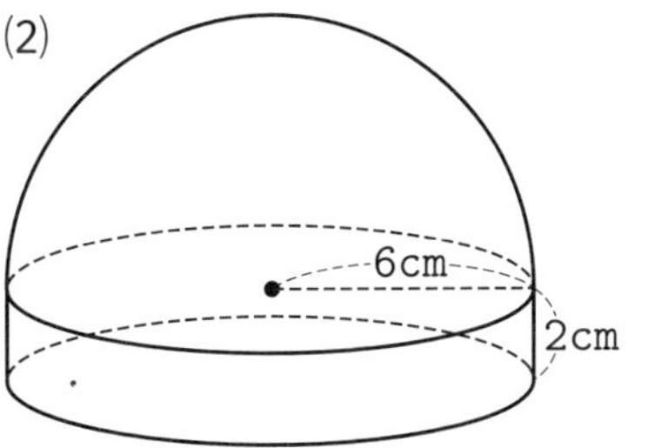

101 LEVEL ★★★★★ データの活用①

学習日　月　日
解答 p.45

例題　次のデータは，サッカー部員12人が50m走をしたときの結果である。次の問いに答えなさい。

6.4，6.5，6.9，7.0，7.2，7.4，7.4，7.5，7.7，7.9，8.0，8.2　(秒)

(1)　範囲を求めなさい。

(2)　右の度数分布表の㋐～㋕にあてはまる数を答えなさい。

(3)　右の度数分布表の階級の幅を答えなさい。

(4)　右の度数分布表の㋖～㋚にあてはまる数を答えなさい。

時間(秒)	度数(人)	累積度数(人)
以上　未満		
6.0～6.5	㋐	㋖
6.5～7.0	㋑	㋗
7.0～7.5	㋒	㋘
7.5～8.0	㋓	㋙
8.0～8.5	㋔	㋚
合計	㋕	

解　(1)　最大値が8.2，最小値が6.4なので，範囲は，8.2－6.4＝**1.8(秒)**　…答

(2)　6.5秒のデータは6.5秒以上7.0秒未満の階級にふくまれることに注意して数える。㋕の値は，㋐～㋔の値の合計である。㋐：**1**，㋑：**2**，㋒：**4**，㋓：**3**，㋔：**2**，㋕：**12**…答

各階級に入るデータの個数を，その階級の度数といい，階級に応じて，度数を整理した表を度数分布表という。

(3)　6.5－6.0＝0.5より，階級の幅は**0.5秒**　…答

(4)　㋖＝㋐＝**1**，㋗＝㋖＋㋑＝**3**，㋘＝㋗＋㋒＝**7**，㋙＝㋘＋㋓＝**10**　㋚＝㋙＋㋔＝**12**　…答

最初の階級から，ある階級までの度数の合計を累積度数という。

1　次のデータは，バスケットボール部員が50m走をしたときの結果である。次の問いに答えなさい。

6.7，6.7，7.0，7.0，7.2，7.3，7.3，7.4，7.4，7.5，7.7，8.0　(秒)

(1)　範囲を求めなさい。＿＿＿＿

(2)　下の度数分布表の㋐～㋕にあてはまる数を答えなさい。

時間(秒)	度数(人)	累積度数(人)
以上　未満		
6.0～6.5	㋐	㋖
6.5～7.0	㋑	㋗
7.0～7.5	㋒	㋘
7.5～8.0	㋓	㋙
8.0～8.5	㋔	㋚
合計	㋕	

㋐＿＿＿＿　㋑＿＿＿＿　㋒＿＿＿＿

㋓＿＿＿＿　㋔＿＿＿＿　㋕＿＿＿＿

(3)　(1)の度数分布表の階級の幅を答えなさい。

＿＿＿＿

(4)　(1)の度数分布表の㋖～㋚にあてはまる数を答えなさい。

㋖＿＿＿＿　㋗＿＿＿＿　㋘＿＿＿＿

㋙＿＿＿＿　㋚＿＿＿＿

(5)　このデータと例題1のデータを比較して，7.5秒未満の人数が多いのはどちらの部活か答えなさい。

＿＿＿＿

102 LEVEL ★★★★★ データの活用②

学習日　　月　　日
解答 p.45

例題　右の表は，サッカー部12人が50m走をしたときの結果を度数分布表に表したものである。次の問いに答えなさい。

時間(秒)	度数(人)
以上　未満	
6.0～6.5	1
6.5～7.0	2
7.0～7.5	4
7.5～8.0	3
8.0～8.5	2
合計	12

(1)　この度数分布表をヒストグラムに表しなさい。

(2)　この度数分布表を度数折れ線に表しなさい。

解 (1)　階級の幅を横，度数を縦とする長方形で表すと図のようになる。

(2)　ヒストグラムの1つ1つの長方形の上の辺の中点を順に結び，両端(りょうたん)を横軸までのばすと図のようになる。

度数折れ線の両端では，度数0の階級があるものと考えて，線分を横軸までのばす。

答

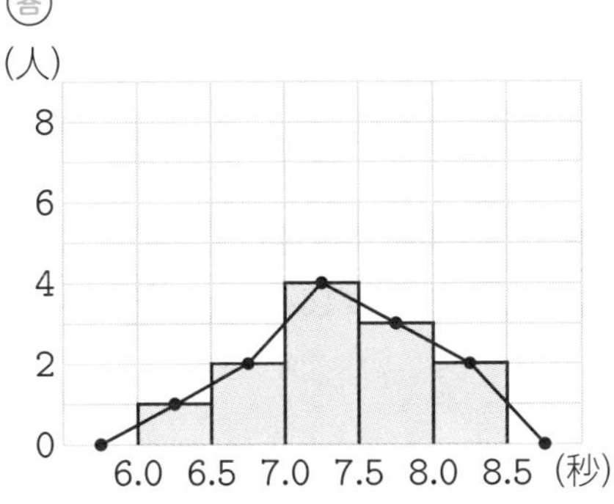

1　右の表は，バスケットボール部12人が50m走をしたときの結果を度数分布表に表したものである。次の問いに答えなさい。

時間(秒)	度数(人)
以上　未満	
6.0～6.5	0
6.5～7.0	2
7.0～7.5	7
7.5～8.0	2
8.0～8.5	1
合計	12

(1)　この度数分布表のヒストグラムを下の図に表しなさい。

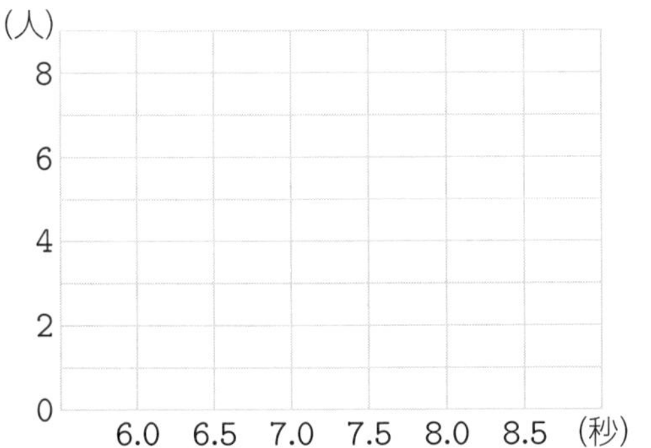

(2)　この度数分布表の度数折れ線を(1)の図に表しなさい。

2　右の表は，あるクラス24人の50点満点のテストの結果を度数分布表に表したものである。次の問いに答えなさい。

点数(点)	度数(人)
以上　未満	
25～30	2
30～35	3
35～40	8
40～45	7
45～50	4
合計	24

(1)　この度数分布表のヒストグラムを下の図に表しなさい。

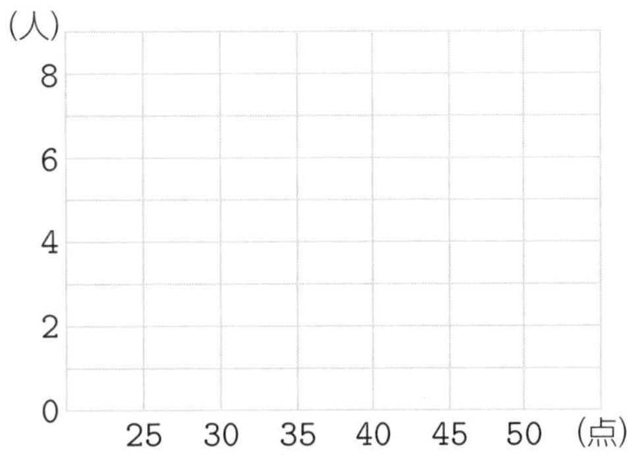

(2)　この度数分布表の度数折れ線を(1)の図に表しなさい。

103 データの活用③

学習日　　月　　日
解答 p.46

例題　右の表は，A組の17人があるゲームをしたときの結果を度数分布表に表したものである。次の問いに答えなさい。

点数(点)	度数(人)
以上　未満	
0～5	4
5～10	5
10～15	6
15～20	2
合計	17

(1)　15点以上20点未満の階級の階級値（かいきゅうち）を求めなさい。

(2)　最頻値（さいひんち）を求めなさい。

(3)　中央値がふくまれる階級を答えなさい。

解 (1)　15点以上20点未満の階級の階級値は，

$\frac{15+20}{2}$=**17.5(点)**　…答

度数分布表で，それぞれの階級の真ん中の値を階級値という。

(2)　度数のもっとも多い階級は，6人の10点以上15点未満の階級なので，

$\frac{10+15}{2}$=**12.5(点)**　…答

度数分布表では，度数のもっとも多い階級の階級値を最頻値として用いる。

(3)　A組の17人の中央値は小さい方から9番目の値であり，4+5=9人より，中央値がふくまれる階級は，**5点以上10点未満**　…答

1 右の表は，B組の19人があるゲームをしたときの結果を度数分布表に表したものである。次の問いに答えなさい。

点数(点)	度数(人)
以上　未満	
0～5	3
5～10	7
10～15	5
15～20	4
合計	19

(1)　10点以上15点未満の階級の階級値を求めなさい。

(2)　最頻値を求めなさい。

(3)　中央値がふくまれる階級を答えなさい。

2 右の表は，C組の18人があるゲームをしたときの結果を度数分布表に表したものである。次の問いに答えなさい。

点数(点)	度数(人)
以上　未満	
0～5	3
5～10	5
10～15	4
15～20	6
合計	18

(1)　0点以上5点未満の階級の階級値を求めなさい。

(2)　最頻値を求めなさい。

(3)　中央値がふくまれる階級を答えなさい。

104 LEVEL ★★★★★

データの活用④

学習日　月　日
解答 p.46

例題 右の表は，10人があるゲームをしたときの結果を度数分布表に表したものである。次の問いに答えなさい。

(1) 右の度数分布表の㋐～㋔にあてはまる数を答えなさい。

(2) 右の度数分布表の㋕～㋘にあてはまる数を答えなさい。

点数(点)	度数(人)	相対度数	累積相対度数
以上　未満			
0～5	2	㋐	㋕
5～10	3	㋑	㋖
10～15	4	㋒	㋗
15～20	1	㋓	㋘
合計	10	㋔	

解 (1) ㋐は2÷10=0.2，㋑は3÷10=0.3，㋒は4÷10=0.4，㋓は1÷10=0.1，
㋔は全体より，1.0 …答

それぞれの階級の度数の，全体に対する割合を，その階級の相対度数(そうたいどすう)といい，相対度数$=\frac{\text{階級の度数}}{\text{度数の合計}}$で求める。

(2) ㋕=㋐=0.2，㋖=㋕+㋑=0.5，㋗=㋖+㋒=0.9，㋘=㋗+㋓=1.0 …答

最初の階級から，ある階級までの相対度数の合計を累積相対度数(るいせきそうたいどすう)という。

1 次の表は，20人があるゲームをしたときの結果を度数分布表に表したものである。次の問いに答えなさい。

点数(点)	度数(人)	相対度数	累積相対度数
以上　未満			
0～5	6	㋐	㋕
5～10	5	㋑	㋖
10～15	7	㋒	㋗
15～20	2	㋓	㋘
合計	20	㋔	

(1) 上の度数分布表の㋐～㋔にあてはまる数を答えなさい。

㋐＿＿＿　㋑＿＿＿　㋒＿＿＿
㋓＿＿＿　㋔＿＿＿

(2) 上の度数分布表の㋕～㋘にあてはまる数を答えなさい。

㋕＿＿＿　㋖＿＿＿
㋗＿＿＿　㋘＿＿＿

2 次の表は，30人があるゲームをしたときの結果を度数分布表に表したものである。次の問いに答えなさい。

点数(点)	度数(人)	相対度数	累積相対度数
以上　未満			
0～5	3	㋐	㋕
5～10	15	㋑	㋖
10～15	9	㋒	㋗
15～20	3	㋓	㋘
合計	30	㋔	

(1) 上の度数分布表の㋐～㋔にあてはまる数を答えなさい。

㋐＿＿＿　㋑＿＿＿　㋒＿＿＿
㋓＿＿＿　㋔＿＿＿

(2) 上の度数分布表の㋕～㋘にあてはまる数を答えなさい。

㋕＿＿＿　㋖＿＿＿
㋗＿＿＿　㋘＿＿＿

105 LEVEL ★★★★★ データの活用⑤

学習日　月　日
解答 p.47

例題　右の表は，A組の生徒のある1日の読書時間を度数分布表に表したものである。次の問いに答えなさい。

(1)　右の度数分布表の㋐～㋕にあてはまる数を答えなさい。

(2)　右の表から，読書時間の平均値を，小数第一位を四捨五入して整数で求めなさい。

時間(分)	階級値(分)	度数(人)	(階級値)×(度数)
以上　未満			
0～20	10	5	㋐
20～40	30	4	㋑
40～60	50	3	㋒
60～80	70	2	㋓
80～100	90	3	㋔
合計		17	㋕

解　(1)　㋐は，10×5=50，㋑は，30×4=120，㋒は，50×3=150，㋓は，70×2=140，㋔は，90×3=270，㋕は，㋐～㋔の合計なので，730　…答

(2)　(1)より平均値は，㋕の値を人数でわった値なので，730÷17=42.9…より，43分　…答

度数分布表から平均値を求めるときには，それぞれの階級について，階級値×度数を求め，その合計をデータの個数でわって求めることができる。

1　下の表は，B組の生徒のある1日の読書時間を度数分布表に表したものである。次の問いに答えなさい。

時間(分)	階級値(分)	度数(人)	(階級値)×(度数)
以上　未満			
0～20	10	6	㋐
20～40	30	3	㋑
40～60	50	2	㋒
60～80	70	3	㋓
80～100	90	4	㋔
合計		18	㋕

(1)　上の度数分布表の㋐～㋕にあてはまる数を答えなさい。

㋐＿＿＿　㋑＿＿＿　㋒＿＿＿

㋓＿＿＿　㋔＿＿＿　㋕＿＿＿

(2)　上の表から，ある1日の読書時間の平均値を，小数第一位を四捨五入して整数で求めなさい。

＿＿＿＿＿

2　下の表は，C組の生徒のある1日の読書時間を度数分布表に表したものである。次の問いに答えなさい。

時間(分)	階級値(分)	度数(人)	(階級値)×(度数)
以上　未満			
0～20	10	4	㋐
20～40	30	3	㋑
40～60	50	4	㋒
60～80	70	4	㋓
80～100	90	3	㋔
合計		18	㋕

(1)　上の度数分布表の㋐～㋕にあてはまる数を答えなさい。

㋐＿＿＿　㋑＿＿＿　㋒＿＿＿

㋓＿＿＿　㋔＿＿＿　㋕＿＿＿

(2)　上の表から，ある1日の読書時間の平均値を，小数第一位を四捨五入して整数で求めなさい。

＿＿＿＿＿

106 LEVEL ★★★★★ ことがらの起こりやすさ

学習日　月　日　解答 p.47

例題　右の表はさいころを投げた回数と偶数になった回数を表に表したものである。次の問いに答えなさい。

投げた回数	200	400	600	800	1000
偶数になった回数	107	201	295	400	501
相対度数	㋐	㋑	㋒	㋓	㋔

(1)　右の表の㋐～㋔にあてはまる数を，小数第二位までの値で求めなさい。

(2)　(1)の結果から偶数になる確率はどの程度であると考えられるか，小数第一位までの値で求めなさい。

解 (1)　㋐は，107÷200＝0.535より，**0.54**，㋑は，201÷400＝0.502…より，**0.50**，
㋒は，295÷600＝0.491…より，**0.49**，㋓は，400÷800＝**0.50**，
㋔は，501÷1000＝0.501より，**0.50**　…答

(2)　(1)の結果から，相対度数が0.5に近づいているので，確率は**0.5**　…答と考えられる。

同じ実験や観察を多数回繰り返すとき，そのことがらの起こる相対度数がある値pにかぎりなく近づく。pをそのことがらの起こる確率とみなせる。

1　下の表はさいころを投げた回数と3の目が出た回数を表に表したものである。次の問いに答えなさい。

投げた回数	200	400	600
3が出た回数	28	60	97
相対度数	㋐	㋑	㋒
投げた回数	800	1000	
3が出た回数	135	167	
相対度数	㋓	㋔	

(1)　上の表の㋐～㋔にあてはまる数を，小数第二位までの値で求めなさい。

㋐＿＿＿＿　㋑＿＿＿＿　㋒＿＿＿＿

㋓＿＿＿＿　㋔＿＿＿＿

(2)　(1)の結果から3の目が出る確率はどの程度であると考えられるか，小数第一位までの値で求めなさい。

＿＿＿＿

2　下の表はコインを投げた回数と表が出た回数を表に表したものである。次の問いに答えなさい。

投げた回数	200	400	600
表が出た回数	95	189	305
相対度数	㋐	㋑	㋒
投げた回数	800	1000	
表が出た回数	401	499	
相対度数	㋓	㋔	

(1)　上の表の㋐～㋔にあてはまる数を，小数第二位までの値で求めなさい。

㋐＿＿＿＿　㋑＿＿＿＿　㋒＿＿＿＿

㋓＿＿＿＿　㋔＿＿＿＿

(2)　(1)の結果から表が出る確率はどの程度であると考えられるか，小数第一位までの値で求めなさい。

＿＿＿＿

□ 執筆協力　髙濱良匡
□ 編集協力　関根政雄　田中浩子
□ 本文デザイン　山口秀昭（Studio Flavor）
□ 図版作成　㈲デザインスタジオエキス.

シグマベスト
中１数学 パターンドリル

編　者　文英堂編集部
発行者　益井英郎
印刷所　株式会社天理時報社
発行所　株式会社文英堂
〒601-8121　京都市南区上鳥羽大物町28
〒162-0832　東京都新宿区岩戸町17
(代表)03-3269-4231

●落丁・乱丁はおとりかえします。

中1 数学 パターンドリル

解答集

文英堂

1 符号のついた数

p.6

解答

1 (1)　−3　(2)　−16　(3)　+2.9
(4)　$-\frac{1}{4}$　(5)　−1.5
2 (1)　−5，−6，4，0，+12
(2)　4，+12
3 (1)　−3，−8，−8.3，$-\frac{5}{7}$
(2)　4，+5

解き方

1 (1)(2)(4)(5)　0より小さい数は負の符号「−」をつけて表す。
(3)　0より大きい数は正の符号「+」をつけて表す。
2 (1)　整数は，小数でも分数でもないもの。
(2)　自然数は正の整数なので，4，+12
3 (1)　負の数は符号が「−」の数。
(2)　自然数は正の整数なので，4，+5

ポイント

0より大きい数には正の符号「+」を，0より小さい数には負の符号「−」をつけて表す。
0より大きい数を**正の数**，0より小さい数を**負の数**という。
0は正の数でも負の数でもないことに注意！

2 正の数・負の数で表す

p.7

解答

1 (1)　−300円　(2)　+1個　(3)　−180g
(4)　+6時間
2 (1)　−10　(2)　+15　(3)　+5

解き方

1 (1)　収入を正の数で表しているので，支出は負の数で表せる。よって，300円の支出は−300円と表す。
(2)　少ないことを負の数で表しているので，多いことは正の数で表せる。よって，1個多いことは+1個と表す。
(3)　ある荷物より重いことを正の数で表しているので，軽いことは負の数で表す。
(4)　現在から過去への経過時間を負の数で表しているので，現在から未来への経過時間は正の数で表せる。よって，現在の時刻の6時間後は+6時間と表す。

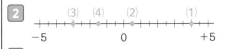

現在
過去　未来
−9時間　0　+6時間

2 (1)　110人は基準の120人より少なく，その差は120−110=10(人)なので，**ア**にあてはまる数は−10
(2)　135人は基準の120人より多く，その差は135−120=15(人)なので，**イ**にあてはまる数は+15
(3)　125人は基準の120人より多く，その差は125−120=5(人)なので，**ウ**にあてはまる数は+5

ポイント

たがいに反対の性質をもつと考えられる量は，正の数，負の数を使って表すことができる。
ある数を基準として，正の数，負の数を使って表すと，基準との違いがわかりやすくなる。

3 数の大小

p.8

解答

1 (1)　+4.5　(2)　+2　(3)　−0.5
(4)　−3.5
2
(3)　(4)　(2)　(1)
−5　0　+5
3 (1)　−3<+2　(2)　+1.5<+2
(3)　−5<−2　(4)　−1<0<+2.5
(5)　−3.5<−0.5<+0.5
(6)　−4.5<−4<−3

解き方

1 数直線の1目もりは0.5である。

(1) Aは，+4より1目もり右にあるので，+4.5

(3) Cは，0より1目もり左にあるので，−0.5

(4) Dは，−3より1目もり左にあるので，−3.5

2 数直線の1目もりは0.5である。

3 (1) 数直線に表すと，+2は−3より右にあるので，−3<+2と表す。+2>−3と表してもよい。

(2) 数直線に表すと，+2は+1.5より右にあるので，+1.5<+2と表す。

(3) 数直線に表すと，−2は−5より右にあるので，−5<−2と表す。

(4) 数直線に表すと，左から−1，0，+2.5の順にあるので，−1<0<+2.5と表す。+2.5>0>−1と表してもよい。

(5) 数直線に表すと，左から−3.5，−0.5，+0.5の順にあるので，−3.5<−0.5<+0.5と表す。

(6) 数直線に表すと，左から−4.5，−4，−3の順にあるので，−4.5<−4<−3と表す。

ポイント

数直線上で0が対応している点を原点という。
数直線の右の方向を正の方向，左の方向を負の方向といい，右にある数ほど大きく，左にある数ほど小さくなる。
正の数は0より右側，負の数は0より左側。

4 絶対値

p.9

解答

1 (1) 6 (2) 8 (3) 2.4 (4) $\frac{2}{7}$ (5) $\frac{7}{9}$

2 (1) +1，−1 (2) +2.7，−2.7 (3) 0

3 −6，−0.7 $-\frac{1}{3}$，$+\frac{5}{3}$，+2.1，+3

解き方

1 原点からの距離を考える。

2 (1) 原点からの距離が1である数は，+1と−1

(3) 絶対値が0となる数は，0の1つのみ。

3 それぞれの絶対値は，3，0.7，$\frac{5}{3}$，6，2.1，$\frac{1}{3}$であり，$\frac{1}{3}=0.33\cdots$，$\frac{5}{3}=1.66\cdots$であるから，$\frac{1}{3}<0.7<6$，$\frac{5}{3}<2.1<3$となるので，小さい順に並べると，−6，−0.7，$-\frac{1}{3}$，$+\frac{5}{3}$，+2.1，+3

ポイント

絶対値→符号を取る。
絶対値がa(正の数)である数は，$+a$と$-a$の2つ。
絶対値が0である数は，0のみ。

5 加法

p.10

解答

1 (1) +10 (2) +14 (3) −12 (4) −18 (5) −6

2 (1) −1 (2) −3 (3) +3 (4) −6 (5) −3

解き方

1 (1) $(+3)+(+7)=+(3+7)=+10$

(3) $(-4)+(-8)=-(4+8)=-12$

(5) 0と数の和は，その数のままであるので，$0+(-6)=-6$

2 (1) $(+4)+(-5)=-(5-4)=-1$

(2) $(-6)+(+3)=-(6-3)=-3$

(3) $(+6)+(-3)=+(6-3)=+3$

(4) $(-7)+(+1)=-(7-1)=-6$

(5) 数と0の和は，その数のままであるので，$(-3)+0=-3$

ポイント

同符号の2つの数の和は，
絶対値の和に**共通の符号**をつける。
異符号の2つの数の和は，
絶対値の差に**絶対値の大きい方の符号**をつける。
0と数の和は，その数のままである。

6 小数・分数の加法

p.11

解答

1 (1) -6.7 (2) -2 (3) $+2.4$ (4) -5 (5) $+4.3$

2 (1) $-\frac{11}{12}$ (2) $-\frac{11}{8}$ (3) $-\frac{8}{35}$ (4) $-\frac{11}{6}$ (5) $+\frac{9}{4}$

解き方

1 (1) $(-2.3)+(-4.4)=-(2.3+4.4)=-6.7$

(3) $(+3.2)+(-0.8)=+(3.2-0.8)=+2.4$

(4) $(-6.1)+(+1.1)=-(6.1-1.1)=-5$

2 (1) $\left(-\frac{2}{3}\right)+\left(-\frac{1}{4}\right)=\left(-\frac{8}{12}\right)+\left(-\frac{3}{12}\right)$

$=-\left(\frac{8}{12}+\frac{3}{12}\right)=-\frac{11}{12}$

(2) $\left(-\frac{1}{2}\right)+\left(-\frac{7}{8}\right)=\left(-\frac{4}{8}\right)+\left(-\frac{7}{8}\right)=-\left(\frac{4}{8}+\frac{7}{8}\right)$

$=-\frac{11}{8}$

(3) $\left(+\frac{1}{5}\right)+\left(-\frac{3}{7}\right)=\left(+\frac{7}{35}\right)+\left(-\frac{15}{35}\right)$

$=-\left(\frac{15}{35}-\frac{7}{35}\right)=-\frac{8}{35}$

(4) $\left(-\frac{9}{4}\right)+\left(+\frac{5}{12}\right)=\left(-\frac{27}{12}\right)+\left(+\frac{5}{12}\right)$

$=-\left(\frac{27}{12}-\frac{5}{12}\right)=-\frac{22}{12}=-\frac{11}{6}$

(5) $(+3)+\left(-\frac{3}{4}\right)=\left(+\frac{12}{4}\right)+\left(-\frac{3}{4}\right)=+\left(\frac{12}{4}-\frac{3}{4}\right)$

$=+\frac{9}{4}$

7 加法の計算法則

p.12

解答

1 (1) $+4$ (2) -12 (3) -4

2 (1) 0 (2) $+5$ (3) $+20$

解き方

1 (1) $(-6)+(+3)+(+7)$

$=(-6)+\{(+3)+(+7)\}$

$=(-6)+(+10)=+4$

(2) $(-2)+(-6)+(-4)$

$=\{(-2)+(-6)\}+(-4)$

$=(-8)+(-4)=-12$

(3) $(-4)+(+7)+(-7)$

$=(-4)+\{(+7)+(-7)\}=-4+0$

$=-4$

2 (1) $(-8)+(+6)+(-2)+(+4)$

$=\{(-8)+(-2)\}+\{(+6)+(+4)\}$

$=(-10)+(+10)=0$

(2) $(+14)+(-5)+(-3)+(-1)$

$=(+14)+\{(-5)+(-3)+(-1)\}$

$=(+14)+(-9)=+5$

(3) $(+25)+(-18)+(+15)+(-2)$

$=\{(+25)+(+15)\}+\{(-18)+(-2)\}$

$=(+40)+(-20)=+20$

ポイント

$a+b=b+a$が成り立つ。

これを**加法の交換法則**という。

$(a+b)+c=a+(b+c)$が成り立つ。

これを**加法の結合法則**という。

8 減法

p.13

解答

1 (1) $+1$ (2) -5 (3) -8 (4) -4 (5) $+7$

2 (1) -0.5 (2) $+4.2$ (3) $-\frac{2}{3}$ (4) $+\frac{19}{12}$ (5) $-\frac{4}{5}$

解き方

1 (1) $(+4)-(+3)=(+4)+(-3)=+1$

(2) $(+1)-(+6)=(+1)+(-6)=-5$

(3) $(-3)-(+5)=(-3)+(-5)=-8$

(4) $(-5)-(-1)=(-5)+(+1)=-4$

(5) 0からある数をひくことは，その数の符号を変えることと同じなので，$0-(-7)=+7$

2 (1) $(+0.4)-(+0.9)=(+0.4)+(-0.9)$

$=-0.5$

(2) $(-1.1)-(-5.3)=(-1.1)+(+5.3)$
$=+4.2$

(3) $\left(-\frac{1}{2}\right)-\left(+\frac{1}{6}\right)=\left(-\frac{1}{2}\right)+\left(-\frac{1}{6}\right)$
$=\left(-\frac{3}{6}\right)+\left(-\frac{1}{6}\right)=-\frac{4}{6}=-\frac{2}{3}$

(4) $\left(+\frac{1}{3}\right)-\left(-\frac{5}{4}\right)=\left(+\frac{1}{3}\right)+\left(+\frac{5}{4}\right)$
$=\left(+\frac{4}{12}\right)+\left(+\frac{15}{12}\right)=+\frac{19}{12}$

(5) どんな数から0をひいても，差ははじめの数になるので，$\left(-\frac{4}{5}\right)-0=-\frac{4}{5}$

ポイント

正の数，負の数をひくことは，その数の符号を変えて加えることと同じ。
小数や分数の減法も整数の減法と同じように考える。

9 加法と減法 p.14

解答

1 (1) 2+1 (2) 4−10 (3) −6−1
(4) 3−8 (5) −5+12
2 (1) −6 (2) −9 (3) −7 (4) 16
(5) 5

解き方

1 +(+○)=+○　+(−○)=−○
−(+○)=−○　−(−○)=+○

2 (1) $(+1)+(-7)=1-7=-6$
(2) $(-3)+(-6)=-3-6=-9$
(3) $-2-5=-7$
(4) $5-(-11)=5+11=16$
(5) $(-4)-(-9)=-4+9=5$

10 3数以上の加減 p.15

解答

1 (1) −2，6，−1 (2) 6 (3) −2，−1
2 (1) −9 (2) −1 (3) 5

解き方

1 (1) $-2+6-1=(-2)+6+(-1)$より，項は，
−2，6，−1

2 (1) $-7-(-1)-3$
$=-7+1-3$
$=-7-3+1=-10+1=-9$
(2) $(+4)+(-2)-(+5)-(-2)$
$=4-2-5+2$
$=4+2-2-5$
$=6-7=-1$
(3) $7-(-1)+6-(+9)$
$=7+1+6-9$
$=14-9=5$

ポイント

加法だけの式に表したとき，
それぞれの数を式の**項**という。
正の項の和と負の項の和をそれぞれ先に求めてから計算するとよい。

11 乗法 p.16

解答

1 (1) 18 (2) 33 (3) 24 (4) 48
(5) 0
2 (1) −35 (2) −6 (3) −39 (4) −50
(5) 0

解き方

1 (1) $(+2)\times(+9)=+(2\times9)=18$
(3) $(-8)\times(-3)=+(8\times3)=24$
(5) 数と0の積は0より，$(-3)\times0=0$

2 (1) $(+7)\times(-5)=-(7\times5)=-35$
(3) $(-13)\times(+3)=-(13\times3)=-39$
(5) 0と数の積は0より，$0\times(-8)=0$

ポイント

同符号の２つの数の積は，
絶対値の積に**正の符号**をつける。
異符号の２つの数の積は，
絶対値の積に**負の符号**をつける。
０と数の積は０になる。

12 除法

p.17

解答

1 (1) 3 (2) 15 (3) 8 (4) 6 (5) 12
2 (1) -5 (2) -8 (3) -10 (4) -27
(5) 0

解き方

1 (1) $(+15)\div(+5)=+(15\div5)=3$
(3) $(-32)\div(-4)=+(32\div4)=8$
(5) $(-84)\div(-7)=+(84\div7)=12$

2 (1) $(+25)\div(-5)=-(25\div5)=-5$
(3) $(-40)\div(+4)=-(40\div4)=-10$
(5) ０を数でわったときの商は０より，
$0\div(-9)=0$

ポイント

同符号の２つの数の商は，
絶対値の商に**正の符号**をつける。
異符号の２つの数の商は，
絶対値の商に**負の符号**をつける。
０を数でわったときの商は０になる。

13 小数をふくむ乗除

p.18

解答

1 (1) 9.6 (2) -1.02 (3) -0.76
(4) 15.54 (5) -9
2 (1) 1.1 (2) -6 (3) -36 (4) 2.6
(5) -8.5

解き方

1 (1) $(-2.4)\times(-4)=+(2.4\times4)=9.6$
(2) $(-0.6)\times1.7=-(0.6\times1.7)=-1.02$
(3) $3.8\times(-0.2)=-(3.8\times0.2)=-0.76$

2 (1) $(-6.6)\div(-6)=+(6.6\div6)=1.1$
(2) $5.4\div(-0.9)=-(5.4\div0.9)=-6$
(3) $(-25.2)\div0.7=-(25.2\div0.7)=-36$

14 分数をふくむ乗法

p.19

解答

1 (1) $-\frac{3}{16}$ (2) $\frac{7}{12}$ (3) $\frac{15}{44}$ (4) $\frac{4}{15}$

2 (1) -4 (2) $\frac{20}{9}$ (3) $-\frac{2}{15}$ (4) $\frac{5}{4}$

解き方

1 (1) $\frac{5}{8}\times\left(-\frac{3}{10}\right)=-\left(\frac{5}{8}\times\frac{3}{10}\right)=-\frac{\overset{1}{\cancel{5}}\times3}{8\times\underset{2}{\cancel{10}}}=-\frac{3}{16}$

(2) $\left(-\frac{7}{4}\right)\times\left(-\frac{1}{3}\right)=+\left(\frac{7}{4}\times\frac{1}{3}\right)=+\frac{7\times1}{4\times3}=\frac{7}{12}$

2 (1) $(-12)\times\frac{1}{3}=-\left(\frac{12}{1}\times\frac{1}{3}\right)=-\frac{\overset{4}{\cancel{12}}\times1}{1\times\cancel{3}}=-4$

(2) $\left(-\frac{5}{18}\right)\times(-8)=+\left(\frac{5}{18}\times\frac{8}{1}\right)=\frac{5\times\overset{4}{\cancel{8}}}{\underset{9}{\cancel{18}}\times1}$
$=\frac{20}{9}$

(3) $0.7\times\left(-\frac{4}{21}\right)=-\left(\frac{7}{10}\times\frac{4}{21}\right)=-\frac{\overset{1}{\cancel{7}}\times\overset{2}{\cancel{4}}}{\underset{5}{\cancel{10}}\times\underset{3}{\cancel{21}}}$
$=-\frac{2}{15}$

(4) $(-1.5)\times\left(-\frac{5}{6}\right)=+\left(\frac{15}{10}\times\frac{5}{6}\right)=\frac{\overset{5}{\cancel{15}}\times\overset{1}{\cancel{5}}}{\underset{2}{\cancel{10}}\times\underset{2}{\cancel{6}}}$
$=\frac{5}{4}$

15 分数をふくむ除法

p.20

解答

1 (1) $-\frac{8}{5}$ (2) $-\frac{4}{11}$ (3) $-\frac{1}{8}$ (4) -1
(5) $-\frac{10}{9}$ (6) $-\frac{5}{13}$

2 (1) $-\frac{7}{10}$ (2) $\frac{7}{30}$ (3) $\frac{2}{15}$ (4) $-\frac{3}{2}$

解き方

1 (1) $\left(-\frac{5}{8}\right)\times\left(-\frac{8}{5}\right)=1$ より，$-\frac{5}{8}$ の逆数は $-\frac{8}{5}$

(3) $(-8)\times\left(-\frac{1}{8}\right)=1$ より，-8 の逆数は $-\frac{1}{8}$

(5) $-0.9=-\frac{9}{10}$ で，$\left(-\frac{9}{10}\right)\times\left(-\frac{10}{9}\right)=1$ より，

$-\frac{9}{10}$ の逆数は $-\frac{10}{9}$

(6) $-2.6=-\frac{13}{5}$ で，$\left(-\frac{13}{5}\right)\times\left(-\frac{5}{13}\right)=1$ より，

$-\frac{13}{5}$ の逆数は $-\frac{5}{13}$

2 (1) $\frac{7}{12}\div\left(-\frac{5}{6}\right)=\frac{7}{12}\times\left(-\frac{6}{5}\right)=-\left(\frac{7}{12}\times\frac{6}{5}\right)$

$=-\frac{7}{10}$

(3) $\left(-\frac{14}{15}\right)\div(-7)=\left(-\frac{14}{15}\right)\div\left(-\frac{7}{1}\right)$

$=\left(-\frac{14}{15}\right)\times\left(-\frac{1}{7}\right)=+\left(\frac{14}{15}\times\frac{1}{7}\right)=\frac{2}{15}$

(4) $\left(-\frac{9}{10}\right)\div0.6=\left(-\frac{9}{10}\right)\div\frac{3}{5}=\left(-\frac{9}{10}\right)\times\frac{5}{3}$

$=-\left(\frac{9}{10}\times\frac{5}{3}\right)=-\frac{3}{2}$

ポイント

2つの数の積が1になるとき，一方の数を，他方の数の逆数という。→**逆数は分母と分子を入れかえたもの。**

数でわるには，その数の逆数をかければよい。

16 3数以上の乗法

p.21

解答

1 (1) 180 (2) −42 (3) −108 (4) 1400
2 (1) 1700 (2) −21000 (3) 610 (4) 8

解き方

1 (1) $(-4)\times(+5)\times(-9)=+(4\times5\times9)$

$=180$

(3) $(-2)\times(-3)\times6\times(-3)$

$=-(2\times3\times6\times3)=-108$

2 (1) 結合法則を利用する。

$(-17)\times(-25)\times4$

$=(-17)\times\{(-25)\times4\}$

$=(-17)\times(-100)=1700$

(2) 交換法則を利用する。

$(-125)\times21\times8$

$=(-125)\times8\times21$

$=\{(-125)\times8\}\times21$

$=-1000\times21=-21000$

(3) 交換法則を利用する。

$(-5)\times61\times(-2)$

$=(-5)\times(-2)\times61$

$=\{(-5)\times(-2)\}\times61$

$=10\times61=610$

(4) $4\times\left(-\frac{1}{3}\right)\times(-6)=+\left(4\times\frac{1}{3}\times6\right)$

$=8$

ポイント

$a\times b=b\times a$ が成り立つ。

これを**乗法の交換法則**という。

$(a\times b)\times c=a\times(b\times c)$ が成り立つ。

これを**乗法の結合法則**という。

3つ以上の積の符号は，負の符号の個数が偶数個のときは正，奇数個のときは負となる。

3数以上の乗法では，計算結果の符号を決めて，絶対値の積を求めるとよい。

17 3数以上の乗除

p.22

解答

1 (1) 9 (2) $\frac{1}{18}$ (3) $\frac{1}{7}$ (4) $-\frac{3}{4}$

2 (1) $-\frac{84}{5}$ (2) $\frac{27}{8}$ (3) $-\frac{100}{3}$ (4) 2

解き方

1 (1) $(-18)\times(-6)\div12$

$=(-18)\times(-6)\times\frac{1}{12}=+\left(18\times6\times\frac{1}{12}\right)$

$=9$

(2) $(-13) \div 26 \div (-9)$

$=(-13) \times \frac{1}{26} \times \left(-\frac{1}{9}\right) = +\left(13 \times \frac{1}{26} \times \frac{1}{9}\right) = \frac{1}{18}$

(3) $\frac{2}{3} \times \left(-\frac{9}{7}\right) \div (-6) = \frac{2}{3} \times \left(-\frac{9}{7}\right) \times \left(-\frac{1}{6}\right)$

$= +\left(\frac{2}{3} \times \frac{9}{7} \times \frac{1}{6}\right) = \frac{1}{7}$

2 (1) $15 \div \frac{25}{7} \times (-4) = 15 \times \frac{7}{25} \times (-4)$

$= -\left(15 \times \frac{7}{25} \times 4\right) = -\frac{84}{5}$

(3) $(-21) \div \left(-\frac{7}{12}\right) \div \left(-\frac{27}{25}\right)$

$= (-21) \times \left(-\frac{12}{7}\right) \times \left(-\frac{25}{27}\right)$

$= -\left(21 \times \frac{12}{7} \times \frac{25}{27}\right) = -\frac{100}{3}$

(4) $\frac{9}{14} \div \left(-\frac{3}{8}\right) \div \left(-\frac{6}{7}\right) = \frac{9}{14} \times \left(-\frac{8}{3}\right) \times \left(-\frac{7}{6}\right)$

$= +\left(\frac{9}{14} \times \frac{8}{3} \times \frac{7}{6}\right) = 2$

18 累乗の計算

p.23

解答

1 (1) 49 (2) 1000 (3) 64
(4) −64 (5) −1.21 (6) $\frac{4}{25}$

2 (1) 18 (2) $-\frac{7}{2}$ (3) $\frac{9}{4}$ (4) 64
(5) 81

解き方

1 (1) $7^2 = 7 \times 7 = 49$

(2) $10^3 = 10 \times 10 \times 10 = 1000$

(3) $(-8)^2 = (-8) \times (-8) = 64$

(4) $-8^2 = -(8 \times 8) = -64$

(5) $-1.1^2 = -(1.1 \times 1.1) = -1.21$

(6) $\left(-\frac{2}{5}\right)^2 = \left(-\frac{2}{5}\right) \times \left(-\frac{2}{5}\right) = \frac{4}{25}$

2 (1) $2 \times (-3)^2 = 2 \times 9 = 18$

(2) $-7^2 \div 14 = -49 \div 14 = -\frac{49}{14} = -\frac{7}{2}$

(3) $3^4 \div (-6)^2 = 81 \div 36 = \frac{81}{36} = \frac{9}{4}$

(4) かっこの中を先に計算する。

$(-2 \times 4)^2 = (-8)^2 = 64$

(5) $\{-1 \times 3 \times (-3)\}^2 = \{+(1 \times 3 \times 3)\}^2$

$= 9^2 = 81$

ポイント

かっこの中と累乗を先に計算してから，
乗法・除法を計算する。

19 四則計算①

p.24

解答

1 (1) −22 (2) 20 (3) −18 (4) −14
2 (1) 2 (2) −18 (3) 31 (4) 0

解き方

1 **乗法・除法→加法・減法**の順に計算する。

(1) $-14 + 4 \times (-2)$

$= -14 + (-8) = -22$

(2) $22 - (-8) \div (-4) = 22 - 2 = 20$

(3) $14 \div (-7) - 2 \times 8 = -2 - 16 = -18$

(4) $18 \div (-3) + (-16) \div 2$

$= -6 + (-8) = -14$

2 **累乗→乗法・除法→加法・減法**の順に計算する。

(1) $-5^2 + 3^3 = -25 + 27 = 2$

(2) $36 - 6 \times 3^2 = 36 - 6 \times 9$

$= 36 - 54 = -18$

(3) $5 \times 4^2 - (-7)^2 = 5 \times 16 - 49$

$= 80 - 49 = 31$

(4) $6^2 \div (-9) - 4 \times (-1)^3$

$= 36 \div (-9) - 4 \times (-1) = -4 - (-4)$

$= -4 + 4 = 0$

ポイント

加減と乗除が混じった式では，
乗除を先に計算する。
累乗のある式の計算では，**累乗を先に計算する。**

20 四則計算②

p.25

解答

1 (1) -20 (2) -9 (3) 12 (4) -34
2 (1) 28 (2) 4 (3) 6

解き方

1 **かっこの中・累乗→乗除→加減**の順に計算する。

(1) $4\times(2-7)=4\times(-5)=-20$

(2) $3^2-(7-5)\times9$
$=9-2\times9=9-18=-9$

(3) $(2\times5-4^2)\times(-2)$
$=(2\times5-16)\times(-2)$
$=(10-16)\times(-2)=(-6)\times(-2)$
$=12$

(4) $-4\times(5^2-15)-(-6)$
$=-4\times(25-15)-(-6)$
$=-4\times10-(-6)=-40+6=-34$

2 (1) $\{4-3\times(-6)\}-(1-7)$
$=\{4-(-18)\}-(-6)=22+6=28$

(2) $-2\times\{2\times(3-4)\}$
$=-2\times\{2\times(-1)\}=-2\times(-2)=4$

(3) $8+\{(4-2)^3-5\times2\}$
$=8+(2^3-5\times2)=8+(8-10)$
$=8+(-2)=6$

ポイント

かっこのある式の計算では，
かっこの中を先に計算する。

21 分配法則

p.26

解答

1 (1) 10 (2) 17 (3) -2 (4) -56
2 (1) 6200 (2) -360 (3) -241
(4) -3193

解き方

1 かっこの中を計算する前に**分配法則**を利用することで，整数の計算にすることができる。

(1) $\left(\frac{1}{2}+\frac{3}{4}\right)\times8=\frac{1}{2}\times8+\frac{3}{4}\times8=4+6=10$

(2) $\left(-\frac{5}{6}-\frac{1}{9}\right)\times(-18)$
$=-\frac{5}{6}\times(-18)-\frac{1}{9}\times(-18)=15+2$
$=17$

(3) $21\times\left(\frac{1}{3}-\frac{3}{7}\right)=21\times\frac{1}{3}+21\times\left(-\frac{3}{7}\right)$
$=7-9=-2$

(4) $(-30)\times\left(\frac{7}{10}+\frac{7}{6}\right)=-30\times\frac{7}{10}-30\times\frac{7}{6}$
$=-21-35=-56$

2 ・$a\times c+b\times c=(a+b)\times c$
・$a\times b+a\times c=a\times(b+c)$ を利用する。

(1) $62\times(-11)+62\times111$
$=62\times(-11+111)=62\times100$
$=6200$

(2) $34\times36-44\times36$
$=(34-44)\times36=-10\times36$
$=-360$

(3) $2.41\times(-88)-2.41\times12$
$=2.41\times(-88-12)$
$=2.41\times(-100)=-241$

(4) $103=100+3$ として考える。
$103\times(-31)=(100+3)\times(-31)$
$=100\times(-31)+3\times(-31)$
$=-3100-93=-3193$

ポイント

$(a+b)\times c=a\times c+b\times c$,
$a\times(b+c)=a\times b+a\times c$
これらを**分配法則**という。

22 四則計算③

p.27

解答

1 (1) $-\frac{17}{12}$ (2) 8 (3) 1 (4) $-\frac{2}{3}$
2 (1) $-\frac{11}{8}$ (2) $\frac{55}{27}$ (3) $\frac{19}{24}$ (4) $-\frac{29}{36}$

解き方

1 **かっこの中・累乗→乗除→加減**の順に計算する。

(1) $(-6)\div9-9\div12=-\frac{6}{9}-\frac{9}{12}=-\frac{2}{3}-\frac{3}{4}$

$=-\frac{8}{12}-\frac{9}{12}=-\frac{17}{12}$

(2) $\left(-\frac{1}{4}\right)\times(-8)+2\div\frac{1}{3}$

$=\left(-\frac{1}{4}\right)\times(-8)+2\times3=2+6=8$

(3) $4\times\left(\frac{1}{3}-\frac{1}{4}\div3\right)=4\times\left(\frac{1}{3}-\frac{1}{4}\times\frac{1}{3}\right)$

$=4\times\left(\frac{1}{3}-\frac{1}{12}\right)=4\times\left(\frac{4}{12}-\frac{1}{12}\right)=4\times\frac{3}{12}$

$=4\times\frac{1}{4}=1$

(4) $-\frac{1}{3}\div\frac{2}{5}-\frac{3}{4}\div\left(-\frac{9}{2}\right)=-\frac{1}{3}\times\frac{5}{2}-\frac{3}{4}\times\left(-\frac{2}{9}\right)$

$=-\frac{5}{6}-\left(-\frac{1}{6}\right)=-\frac{5}{6}+\frac{1}{6}=-\frac{4}{6}=-\frac{2}{3}$

2 **かっこの中・累乗→乗除→加減**の順に計算する。

(1) $5\div(-2)^3-\frac{1}{4}\times3=5\div(-8)-\frac{1}{4}\times3$

$=-\frac{5}{8}-\frac{3}{4}=-\frac{5}{8}-\frac{6}{8}=-\frac{11}{8}$

(2) $\left(-\frac{4}{3}\right)^2+\frac{1}{3}\times\frac{7}{9}=\frac{16}{9}+\frac{1}{3}\times\frac{7}{9}=\frac{16}{9}+\frac{7}{27}$

$=\frac{48}{27}+\frac{7}{27}=\frac{55}{27}$

(3) $\frac{2}{3}\times\left(-\frac{1}{2}\right)^2-\frac{1}{2}\div\left(-\frac{4}{5}\right)=\frac{2}{3}\times\frac{1}{4}-\frac{1}{2}\times\left(-\frac{5}{4}\right)$

$=\frac{1}{6}-\left(-\frac{5}{8}\right)=\frac{4}{24}+\frac{15}{24}=\frac{19}{24}$

(4) $\left\{-\frac{2}{3}-(-1)^2\right\}\times\frac{1}{2}+\left(-\frac{1}{6}\right)^2$

$=\left(-\frac{2}{3}-1\right)\times\frac{1}{2}+\frac{1}{36}=\left(-\frac{2}{3}-\frac{3}{3}\right)\times\frac{1}{2}+\frac{1}{36}$

$=-\frac{5}{3}\times\frac{1}{2}+\frac{1}{36}=-\frac{5}{6}+\frac{1}{36}=-\frac{30}{36}+\frac{1}{36}=-\frac{29}{36}$

ポイント

かっこの中・累乗→乗法・除法→加法・減法
の順に計算する。

23 数の範囲と素因数分解 p.28

解答

1 ㋐，㋑，㋒
2 (1) ○ (2) × (3) ×
3 (1) 2×3^2 (2) 5×7 (3) $2^3\times3^2$
(4) $2^3\times3\times5$

解き方

1 ㋐と㋑と㋒の計算の答えは必ず整数になる。㋓について，例えば$1\div2=0.5$となり，整数とはならないので，㋓の計算は必ず整数になるとはいえない。よって，㋐，㋑，㋒

2 (1) 11の約数は1，11より，○

(2)(3) 27，45は3を約数にもつので，×

(2) 27の約数は1，3，9，27

(3) 45の約数は1，3，5，9，15，45

3 (1) $18=2\times3\times3=2\times3^2$

(2) $35=5\times7$

(3) $72=2\times2\times2\times3\times3=2^3\times3^2$

(4) $120=2\times2\times2\times3\times5=2^3\times3\times5$

```
2)18    5)35    2)72    2)120
3) 9        7   2)36    2) 60
    3           2)18    2) 30
                3) 9    3) 15
                    3        5
```

ポイント

1とその数のほかに約数がない自然数を**素数**という。ただし，1は素数にはふくめない。
また，2より大きい偶数は
2を約数にもつので素数ではない。
自然数を素数だけの積で表すことを，
素因数分解するという。

24 正負の数の利用 p.29

解答

1 (1) 81点 (2) 59点 (3) 69点
2 (1) 191人 (2) 75人 (3) 114人

解き方

1 (1) ゲームの得点が最も高い人は+11のBさんで，得点は$70+11=81$(点)

(2) ゲームの得点が最も低い人は-11のDさ

んで，得点は70－11＝59(点)

(3)　70＋(0＋11－8－11＋3)÷5
＝70＋(－5)÷5＝70－1＝69(点)

2 (1)　入場者数が最も多い曜日は＋91の日曜日で，人数は100＋91＝191(人)

(2)　入場者数が最も少ない曜日は－25の月曜日で，人数は100－25＝75(人)

(3)　100＋(－25－22－7－18＋4＋75＋91)÷7
＝100＋98÷7
＝100＋14＝114(人)

ポイント

(平均)＝(基準の数値)＋(基準との差の平均)

2章　文字と式

25 数量を文字で表す

p.30

解答

1 (1)　$x\times7$(円)　(2)　$a\div6$(m)
(3)　$a\times8$(cm²)　(4)　$x\times4$(cm)

2 (1)　$a\times3+b$(円)　(2)　$100\times a+3\times b$(円)
(3)　$(a+b)\times2$(cm)　(4)　$x-y\times11$(cm)

解き方

1 (1)　(えんぴつ1本のねだん)×(本数)より，
$x\times7$(円)

(2)　amのテープを6等分したときの1つ分の長さは，(テープの長さ)÷(個数)で求められるから，$a\div6$(m)

(3)　平行四辺形の面積は，
(底辺)×(高さ)で求められるから，$a\times8$(cm²)

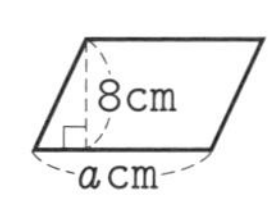

(4)　ひし形はすべての辺が等しいので，
(1辺)×4より，$x\times4$(cm)

2 (1)　ケーキの代金は$a\times3$(円)で，b円の箱を買ったので，(ケーキの代金)＋(箱の代金)から，$a\times3+b$(円)

(2)　りんごの代金は$100\times a$(円)で，袋の代金は$3\times b$(円)より，
(りんごの代金)＋(袋の代金)から，
$100\times a+3\times b$(円)

(3)　長方形の周りの長さは，
(縦＋横)×2で求められるから，
$(a+b)\times2$(cm)

(4)　(残りの長さ)は，
(もとのひもの長さ)－(切り取った長さ)
で求められるから，$x-y\times11$(cm)

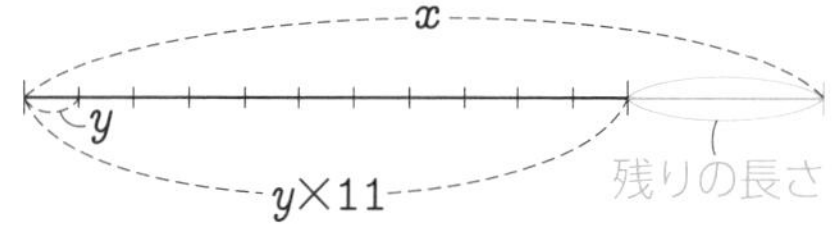

ポイント

ことばの式を使って表してから，
数や文字で表す。

26 積の表し方

p.31

解答

1 (1)　$-4a$　(2)　$-2xy$　(3)　$-b$
(4)　xy^2　(5)　$\frac{2}{3}a^2b$

2 (1)　$7(a-9)$　(2)　$-8(x+y)$

3 (1)　$4\times x\times y$　(2)　$-3\times a\times a\times b$

解き方

1 (1)　記号×を省略し，$-4\times a=-4a$

(2)　数を文字の前に書き，
$x\times y\times(-2)=-2xy$

(3)　－1と文字の積は，1は省略し，
$b\times(-1)=-b$

(4)　同じ文字の積は，指数を使って，
$x\times y\times y=xy^2$

2 (1)　$7\times(a-9)=7(a-9)$

(2)　かっこ全体を1つの文字として考え，数である－8はかっこの前に書き，
$(x+y)\times(-8)=-8(x+y)$

3 (1)　記号×が省略されているので，
$4xy=4\times x\times y$

(2)　指数を使わずに表して，
$-3a^2b=-3\times a\times a\times b$

ポイント

記号「×」を省いて書く。
文字と数の積では，数は文字の前に書く。
$1\times a$は1を省略し，aと書く。
$(-1)\times a$は1を省略し，$-a$と書く。
同じ文字の積は，指数を使って書く。

27 商の表し方

p.32

解答

1 (1) $\frac{5}{a}$ (2) $\frac{x+y}{2}$
2 (1) $4\div t$ (2) $(a+b+c)\div 3$
3 (1) $\frac{6}{x}-0.1y$ (2) $\frac{3a-4b}{c}$
4 (1) $1500-100\times a\times a$
(2) $x\div 9+7\times(2\times x-5)$

解き方

1 (1) 分数の形で表して，$5\div a=\frac{5}{a}$
(2) かっこをはずすことに注意して，
$(x+y)\div 2=\frac{x+y}{2}$

2 (1) $\frac{4}{t}=4\div t$
(2) かっこをつけることに注意して，
$\frac{a+b+c}{3}=(a+b+c)\div 3$

3 (1) 記号÷と×を使わずに表す。
$6\div x-y\times 0.1=\frac{6}{x}-0.1y$
(2) 記号÷と×を使わずに表す。
$(3\times a-b\times 4)\div c=(3a-4b)\div c$
$=\frac{3a-4b}{c}$

4 (1) $1500-100a^2$
$=1500-100\times a\times a$
(2) $\frac{x}{9}+7(2x-5)$
$=x\div 9+7\times(2\times x-5)$

ポイント

わり算は，記号「÷」を使わないで分数の形で書く。分数をわり算の記号「÷」を使って表すとき，分子が和の形になっている場合は，かっこをつけることに注意。

28 数量を式で表す①

p.33

解答

1 (1) ab(円) (2) $1000-120x$(円)
(3) $6a+3b$(円) (4) $8x-1800$(円)
2 (1) $80a$(m) (2) $\frac{x}{70}$(分) (3) $\frac{x}{3}$(km/h)
(4) $40-15a$(km)

解き方

1 (1) 代金は，(1冊のねだん)×(冊数)で求められるから，$a\times b=ab$(円)
(2) 1本120円のボールペンをx本買ったときの代金は，$120\times x=120x$(円)だから，1000円札を出して買ったときのおつりは，
$1000-120x$(円)
(3) 1枚a円のクッキーを6枚買ったときの代金は$a\times 6=6a$(円)で，1個b円のドーナツを3個買ったときの代金は$b\times 3=3b$(円)だから，これらの代金の合計は，
$6a+3b$(円)

2 (1) 道のりは，(速さ)×(時間)で求められるから，$80\times a=80a$(m)
(2) 時間は，(道のり)÷(速さ)で求められるから，$x\div 70=\frac{x}{70}$(分)
(3) 速さは，(道のり)÷(時間)で求められるから，$x\div 3=\frac{x}{3}$(km/h)
(4) 時速15kmでa時間進んだときの道のりは$15\times a=15a$(km)より，40kmの道のりを$15a$km進んだときの残りの道のりは，
$40-15a$(km)

ポイント

道のりと速さと時間の関係
①(道のり)＝(速さ)×(時間)
②(速さ)＝(道のり)÷(時間)
③(時間)＝(道のり)÷(速さ)

29 数量を式で表す②

p.34

解答

1 (1) $\frac{9}{20}a$(kg)　(2) $\frac{2}{5}x$(人)　(3) $\frac{4}{5}a$(円)
(4) $\frac{107}{100}x$(人)

2 (1) **(例)おとな2人と子ども3人の入館料の合計**
(2) **(例)おとな1人と子ども1人の入館料の差**
(3) **(例)2000円を出して，おとな1人と子ども2人の入館料を払ったときのおつり**

3 (1) **半径が$r$cmの円の面積**
(2) **半径が$r$cmの円の周の長さ**

解き方

1 (1) 割合45％を分数で表すと，$\frac{45}{100}$だから，ある動物$a$kgの45％の重さは，
$a\times\frac{45}{100}=\frac{45}{100}a=\frac{9}{20}a$(kg)

(2) 割合4割を分数で表すと，$\frac{4}{10}$だから，中学1年生x人の4割の人数は，$x\times\frac{4}{10}=\frac{4}{10}x$
$=\frac{2}{5}x$(人)

(3) 割合2割を分数で表すと，$\frac{2}{10}$だから，a円のおもちゃの2割引きの代金は，
$a\times\left(1-\frac{2}{10}\right)=a\times\frac{8}{10}=\frac{8}{10}a=\frac{4}{5}a$(円)
↑2割引き

(4) 割合7％を分数で表すと，$\frac{7}{100}$だから，昨日のx人から7％増えた人数は，
$x\times\left(1+\frac{7}{100}\right)=x\times\frac{107}{100}=\frac{107}{100}x$(人)

2 (1) $2x=x\times2$より，$2x$はおとな2人の入館料を表し，$3y=y\times3$より，$3y$は子ども3人の入館料を表す。したがって，$2x+3y$は，おとな2人と子ども3人の入館料の合計を表すと考えられる。

(3) $x+2y$は，おとな1人と子ども2人の入館料の合計を表しているから，
$2000-(x+2y)$は，2000円を出して，おとな1人と子ども2人の入館料を払ったときのおつりを表すと考えられる。

3 (1) 円の面積は，半径×半径×円周率で求められるので，$\pi r^2=r\times r\times\pi$より，円の面積を表している。

(2) 円周の長さは直径×円周率で求められる。$2\pi r=2r\times\pi$より，円の周の長さを表している。

ポイント

$\frac{1}{10}$⇔1割，$\frac{1}{100}$⇔1％

$\frac{x}{10}$⇔x割，$\frac{x}{100}$⇔x％

30 式の値①

p.35

解答

1 (1) 15　(2) −4　(3) 2　(4) 25

2 (1) 13　(2) 10　(3) $\frac{3}{2}$　(4) −8

解き方

1 (1) $3a=3\times a=3\times5=15$
(2) $6-2a=6-2\times5=6-10=-4$
(3) $\frac{10}{a}=\frac{10}{5}=2$
(別解) $\frac{10}{a}=10\div a=10\div5=2$
(4) $a^2=5^2=25$

2 (1) $-2x+5=-2\times(-4)+5$
$=8+5=13$
(2) $6-x=6-(-4)=6+4=10$
(3) $-\frac{6}{x}=\frac{-6}{-4}=\frac{3}{2}$
(4) $8-x^2=8-(-4)^2=8-16=-8$

ポイント

省略されているかけ算やわり算を戻してから代入する。
負の数を代入するときは，かっこを付けて代入することに注意。

31 式の値②

p.36

解答

1 (1) 11 (2) −13 (3) 16 (4) 13
(5) −9

2 (1) 2 (2) 0 (3) 8 (4) $\frac{8}{3}$ (5) $\frac{9}{2}$

解き方

1 (1) $2x+y=2\times2+7=4+7=11$

(2) $4x-3y=4\times2-3\times7=8-21=-13$

(3) $\frac{4}{x}+2y=\frac{4}{2}+2\times7=2+14=16$

(4) $5x^2-y=5\times2^2-7=20-7=13$

(5) $\frac{5}{2}x-2y=\frac{5}{2}\times2-2\times7=5-14=-9$

2 (1) $2a+b=2\times4+(-6)=8-6=2$

(2) $-3a-2b=-3\times4-2\times(-6)$
$=-12+12=0$

(3) $\frac{3}{2}a-\frac{1}{3}b=\frac{3}{2}\times4-\frac{1}{3}\times(-6)=6+2=8$

(4) $-\frac{5}{6}a-b=-\frac{5}{6}\times4-(-6)=-\frac{10}{3}+6$
$=-\frac{10}{3}+\frac{18}{3}=\frac{8}{3}$

(5) $\frac{12}{a}-\frac{9}{b}=\frac{12}{4}-\frac{9}{-6}=3+\frac{9}{6}$
$=3+\frac{3}{2}=\frac{6}{2}+\frac{3}{2}=\frac{9}{2}$

32 項と係数

p.37

解答

1 (1) 項：$2x$，-11
係数：xの係数は2

(2) 項：x，$-4y$
係数：xの係数は1，yの係数は-4

(3) 項：$-\frac{7}{6}a$，$\frac{b}{4}$，8
係数：aの係数は$-\frac{7}{6}$，bの係数は$\frac{1}{4}$

2 (1) ○ (2) ○ (3) ○ (4) × (5) ×

解き方

1 (1) $2x-11=2x+(-11)$より，項は$2x$，-11で，$2x=2\times x$よりxの係数は2

(2) $x-4y=x+(-4y)$より，項はx，$-4y$で，$x=1\times x$，$-4y=-4\times y$よりxの係数は1，yの係数は-4

(3) $-\frac{7}{6}a+\frac{b}{4}+8$の項は，$-\frac{7}{6}a$，$\frac{b}{4}$，8であり，$-\frac{7}{6}a=-\frac{7}{6}\times a$，$\frac{b}{4}=\frac{1}{4}\times b$より$a$の係数は$-\frac{7}{6}$，$b$の係数は$\frac{1}{4}$

2 (1) $\frac{1}{5}x$
↑1次の項

(2) $4a-3b+6=4a+(-3b)+6$
$4a$，$(-3b)$：1次の項

(3) $x-y=x+(-y)$
x，$(-y)$：1次の項

(4) $\frac{x}{3}+2x^2$
$2x^2$：1次の項ではない

(5) $16x-9xy+8y=16x+(-9xy)+8y$
$(-9xy)$：1次の項ではない

ポイント

係数…文字を含む項を数と文字の積で表したときの数のこと。
文字が1つだけの項を1次の項といい，1次の項だけの式，または1次の項と数の項の和で表されている式を1次式という。

33 文字式の加法・減法① p.38

解答

1 (1) $7x$ (2) $-7a$ (3) $-5x$ (4) $1.5a$
(5) $-\frac{7}{12}x$

2 (1) $9x-6$ (2) $-5a-4$ (3) $-4x+3$
(4) $6y-18$ (5) $11a-4$

解き方

1 (1) $5x+2x=(5+2)x=7x$
(2) $-6a-a=(-6-1)a=-7a$
(3) $4x-9x=(4-9)x=-5x$
(4) $-0.5a+2a=(-0.5+2)a=1.5a$
(5) $\frac{1}{4}x-\frac{5}{6}x=\left(\frac{1}{4}-\frac{5}{6}\right)x=\left(\frac{3}{12}-\frac{10}{12}\right)x=-\frac{7}{12}x$

2 (1) $3x-6+6x=(3+6)x-6$
$=9x-6$
(2) $-8a-4+3a=(-8+3)a-4$
$=-5a-4$
(3) $2x-8-6x+11$
$=(2-6)x-8+11=-4x+3$
(4) $5y-10+y-8$
$=(5+1)y-10-8=6y-18$
(5) $12a+2-6-a$
$=(12-1)a+2-6=11a-4$

ポイント

$mx+nx=(m+n)x$のように，文字の部分が同じ項は，まとめて計算することができる。

34 文字式の加法・減法② p.39

解答

1 (1) $7x-1$ (2) $-8y+2$ (3) $2x-4$
(4) $-x+1$

2 (1) $3x+6$ (2) $5a+3$ (3) $13x+2$
(4) $\frac{5}{12}x+4$

解き方

1 (1) $3x+(4x-1)=3x+4x-1$
$=7x-1$
(2) $-2y+(2-6y)=-2y+2-6y$
$=-8y+2$
(3) $4x-5+(-2x+1)$
$=4x-5-2x+1=2x-4$
(4) $\frac{1}{2}x-8+\left(-\frac{3}{2}x+9\right)=\frac{1}{2}x-8-\frac{3}{2}x+9$
$=-x+1$

2 (1) $6x-(3x-6)=6x-3x+6$
$=3x+6$
(2) $4-(-5a+1)=4+5a-1$
$=5a+3$
(3) $12x+8-(6-x)$
$=12x+8-6+x=13x+2$
(4) $\frac{2}{3}x-3-\left(\frac{1}{4}x-7\right)=\frac{2}{3}x-3-\frac{1}{4}x+7$
$=\frac{8}{12}x-\frac{3}{12}x-3+7=\frac{5}{12}x+4$

ポイント

+(　)→そのままはずす
−(　)→符号をかえてはずす

35 文字式の加法・減法③ p.40

解答

1 (1) $7x+7$ (2) $8a+6$ (3) -3
(4) $-7x+1$

2 (1) $-x-3$ (2) $4a-8$ (3) $2x-5$
(4) $-3x+17$

解き方

1 (1) $(3x+2)+(4x+5)$
$=3x+2+4x+5=7x+7$
(3) $(x-4)+(-x+1)=x-4-x+1$
$=-3$

2 (1) $(3x+2)-(4x+5)$
$=3x+2-4x-5=-x-3$
(3) $(x-4)-(-x+1)=x-4+x-1$
$=2x-5$

36 文字式と数の乗法・除法①

p.41

解答

1 (1) $-12x$ (2) $-7a$ (3) $48x$
(4) $4a$ (5) $-6x$

2 (1) $3x$ (2) $4a$ (3) $-x$ (4) $-27a$
(5) $\frac{3}{2}x$

解き方

1 (1) $4x\times(-3)=4\times x\times(-3)$
$=4\times(-3)\times x=-12x$

(2) $-a\times7=-1\times a\times7=-1\times7\times a$
$=-7a$

(4) $18a\times\frac{2}{9}=18\times\frac{2}{9}\times a=4a$

(5) $-\frac{2}{5}x\times15=-\frac{2}{5}\times15\times x=-6x$

2 (1) $24x\div8=24x\times\frac{1}{8}=24\times\frac{1}{8}\times x=3x$

(別解) $24x\div8=\frac{24x}{8}=3x$

(2) $-16a\div(-4)=-16a\times\left(-\frac{1}{4}\right)$
$=-16\times\left(-\frac{1}{4}\right)\times a=4a$

(4) $12a\div\left(-\frac{4}{9}\right)=12a\times\left(-\frac{9}{4}\right)$
$=12\times\left(-\frac{9}{4}\right)\times a=-27a$

(5) $-\frac{21}{10}x\div\left(-\frac{7}{5}\right)=-\frac{21}{10}x\times\left(-\frac{5}{7}\right)$
$=-\frac{21}{10}\times\left(-\frac{5}{7}\right)\times x=\frac{3}{2}x$

ポイント

数でわることは，**その数の逆数をかける**ことと同じということを利用して除法を乗法に直す。

37 文字式と数の乗法・除法②

p.42

解答

1 (1) $-3x-9$ (2) $-10a+50$
(3) $3y-12$ (4) $-6b+4$

2 (1) $4x+1$ (2) $3a-5$ (3) $12y+8$
(4) $-12b+6$

解き方

1 (1) $-3(x+3)=-3\times x-3\times3$
$=-3x-9$

(2) $(2a-10)\times(-5)$
$=2a\times(-5)-10\times(-5)$
$=-10a+50$

(3) $\frac{3}{4}(4y-16)=\frac{3}{4}\times4y-\frac{3}{4}\times16$
$=3y-12$

(4) $(15b-10)\times\left(-\frac{2}{5}\right)$
$=15b\times\left(-\frac{2}{5}\right)-10\times\left(-\frac{2}{5}\right)=-6b+4$

2 除法を乗法に直して考える。

(1) $(32x+8)\div8=(32x+8)\times\frac{1}{8}$
$=32x\times\frac{1}{8}+8\times\frac{1}{8}=4x+1$

(別解) $(32x+8)\div8=\frac{32x+8}{8}$
$=\frac{32x}{8}+\frac{8}{8}=4x+1$

(3) $(30y+20)\div\frac{5}{2}=(30y+20)\times\frac{2}{5}$
$=30y\times\frac{2}{5}+20\times\frac{2}{5}=12y+8$

(4) $(32b-16)\div\left(-\frac{8}{3}\right)$
$=(32b-16)\times\left(-\frac{3}{8}\right)$
$=32b\times\left(-\frac{3}{8}\right)-16\times\left(-\frac{3}{8}\right)$
$=-12b+6$

ポイント

① $a(b+c)=ab+ac$
② $(a+b)\times c=ac+bc$

38 文字式と数の乗法・除法③

p.43

解答

1 (1) $6a+9$ (2) $6x-10$ (3) $6a-42$
(4) $-27x+12$

2 (1) $9a-3$ (2) $60x-70$
(3) $-10a+30$ (4) $9x+15$

解き方

1 (1) $\frac{2a+3}{5}\times 15=\frac{(2a+3)\times 15}{5}=(2a+3)\times 3$
$=6a+9$

(3) $\frac{-a+7}{3}\times(-18)=\frac{(-a+7)\times(-18)}{3}$
$=(-a+7)\times(-6)=6a-42$

2 (1) $18\times\frac{3a-1}{6}=\frac{18\times(3a-1)}{6}=3\times(3a-1)$
$=9a-3$

(3) $-25\times\frac{2a-6}{5}=\frac{-25\times(2a-6)}{5}$
$=-5\times(2a-6)=-10a+30$

ポイント

分配法則で計算する前に,
分数の分母とかける数で約分するとよい。

39 かっこがある式の計算①

p.44

解答

1 (1) $10x+23$ (2) $-28a-53$
(3) $-20x+15$

2 (1) $-13a+6$ (2) $-16x+9$
(3) $-16a+21$

解き方

1 (1) $3(2x+1)+4(x+5)$
$=6x+3+4x+20=10x+23$

(2) $2(6a-9)+5(-8a-7)$
$=12a-18-40a-35$
$=-28a-53$

2 (1) $7(-a+2)-2(3a+4)$
$=-7a+14-6a-8=-13a+6$

(2) $6(4-x)-5(2x+3)$
$=24-6x-10x-15$
$=-16x+9$

ポイント

分配法則を使ってかっこをはずし,文字の部分が同じ項をまとめる。

40 かっこがある式の計算②

p.45

解答

1 (1) $-4x-4$ (2) $-4a+10$
(3) $x+10$

2 (1) $-6a+9$ (2) $7x-6$
(3) $-24a-4$

解き方

1 (1) $\frac{1}{2}(4x-2)-3(2x+1)$
$=2x-1-6x-3=-4x-4$

(2) $\frac{1}{6}(-12a+6)-(2a-9)$
$=-2a+1-2a+9=-4a+10$

(3) $3(4-x)+\frac{1}{5}(20x-10)$
$=12-3x+4x-2=x+10$

2 (1) $\frac{1}{4}(-8a+12)-\frac{2}{3}(6a-9)$
$=-2a+3-4a+6$
$=-6a+9$

(2) $\frac{3}{2}(4x-6)+\frac{1}{7}(7x+21)$
$=6x-9+x+3$
$=7x-6$

(3) $-\frac{5}{3}(9a+6)-\frac{3}{10}(30a-20)$
$=-15a-10-9a+6$
$=-24a-4$

ポイント

分配法則を使ってかっこをはずし,文字の部分が同じ項をまとめる。

41 数量の関係を等式に表す①

p.46

解答

1 (1) (例)$2x+420=810$
(2) (例)$x=y+7$ (3) (例)$2a+b=13$

2 (1) (例)$2000-220a=b$
(2) (例)$a^2+5=\frac{b}{3}$
(3) (例)$4a=2000+10b$

解き方

1 (1) ボールペンの代金 ＋ えんぴつの代金 ＝ 代金の合計
$2x + 420 = 810$

(2) 長方形の紙の縦の長さ$x$cmは，横の長さ$y$cmより7cm長いことから，$x$cmと$(y+7)$cmが等しいことになるので，
$x=y+7$

(別解) 縦の長さ$x$cmと横の長さ$y$cmは縦の方が長く，差が7cmであることから，
$x-y=7$と表すこともできる。

(3) aを2倍した数にbをたすと，
$a\times2+b=2a+b$と表され，これが13と等しくなることから，$2a+b=13$

2 (1) 出したお金 － ドーナツの代金 ＝ おつり
$2000 - 220a = b$

(2) ある数aを2乗して5をたした数は，a^2+5と表され，ある数bを3でわった数は，$b\div3=\frac{b}{3}$と表されることから，$a^2+5=\frac{b}{3}$

(3) 集まったお金 ＝ 花束の代金 ＋ クッキーの代金
$4a = 2000 + 10b$

ポイント

等式…2つの数量の間の等しい関係を等号「＝」を使って表した式
等号の左側の式を左辺(さへん)，右側を右辺(うへん)，その両方をあわせて両辺(りょうへん)という。

42 数量の関係を等式に表す②

p.47

解答

1 (1) $3y$(cm) (2) $5x$(cm)
(3) $5x=3y+12$

2 (1) (例)

3b枚 8枚
a枚

(2) $a=3b+8$

解き方

1 (1) 1本$y$cmのテープ3本分は，1本$x$cmのテープ5本分よりも短いので，㋐にあてはまるのは短い方の1本$y$cmのテープ3本分である$y\times3=3y$(cm)

(2) (1)より，㋑にあてはまるのは長い方の1本$x$cmのテープ5本分である$x\times5=5x$(cm)

(3) (1)と(2)より，$5x=3y+12$

2 (1) ことばを使って線分図に表すと右の図のようになる。

配った枚数 余った枚数
おりがみの枚数

(2) $a=3b+8$

43 数量の関係を不等式に表す

p.48

解答

1 (1) $6-2a>3$ (2) $2x>y+3$
(3) $5a+2b>1000$

2 (1) $6a\geqq1000$ (2) $xy+4\leqq20$
(3) $5a+b\leqq1500$

解き方

1 (1) 6mのひもからamのひもを2本切り取ると，3mより長い。
$6-2a>3$

a 2a 残りの長さ
6

(2) ある数xを2倍した数は，$x\times2=2x$で，ある数yに3をたした数は，$y+3$と表されるので，$2x>y+3$

(3) 1冊a円のノートを5冊分と1本b円のクレヨンを2本分の代金の合計は

$a\times5+b\times2=5a+2b$(円)と表され，
1000円で買うことができなかったことから，この代金の合計が1000円より大きいことがわかるので，$5a+2b>1000$

2 (1) 6人で出したお金が1000円以上
↓
$6a\geqq1000$

(2) xとyの積に4をたした数が20以下
↓
$xy+4\leqq20$

(3) 1個a円のケーキ5個とb円の箱の代金の合計は，$a\times5+b=5a+b$(円)。
1500円で買うことができるので，代金の合計は，1500円以下であることがわかる。
よって，$5a+b\leqq1500$

・aがb以上…$a\geqq b$
・aがbより大きい…$a>b$
・aがb以下…$a\leqq b$
・aがb未満…$a<b$

44 関係を表す式の意味

p.49

解答

1 (1) (例)品物Aの5個分と品物Bの3個分の重さの合計は700gである。
(2) (例)品物Bの1個分と品物Aの1個分の重さの差は20gである。
(3) (例)品物Aの3個分と品物Bの9個分の重さの合計は300g以上である。

2 (1) (例)$a$cmのリボンから1本$b$cmのリボンを4本切り取ったときの残りの長さは26cmである。
(2) (例)$a$cmのリボンから1本$b$cmのリボンを9本切り取ると2cm以上残る。
(3) (例)$a$cmのリボンから1本$b$cmのリボンを12本切り取ると1cmより多く残る。

解き方

1 (1) $5a+3b=700$
$5a$：品物Aが5個分の重さ
$3b$：品物Bが3個分の重さ
重さの合計 = 700

(2) $b-a=20$
b：品物Bの重さ
a：品物Aの重さ
品物Bと品物Aの重さの差 = 20

(3) $3a+9b\geqq300$
品物Aの3個分と品物Bの9個分の重さの合計 ≧ 300

2 (1) $a-4b=26$
a：$a$cmのリボンの長さ
$4b$：$b$cmのリボン4本分の長さ
残りの長さ = 26

(2) $a-9b\geqq2$

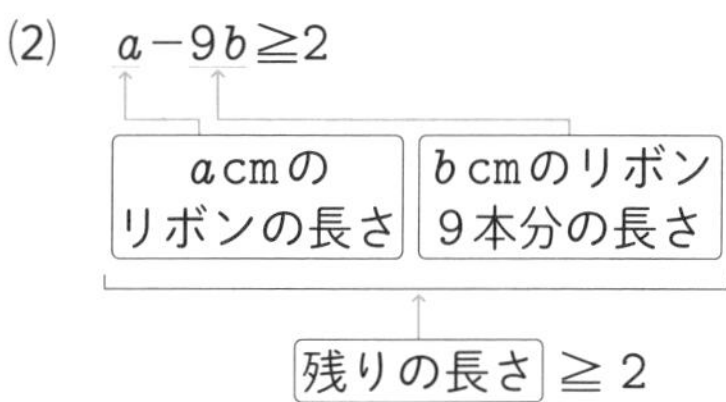

(3) $a-12b>1$
残りの長さ > 1

ポイント

問題の状況に照らし合わせて，等号か不等号か判断する。また不等号の場合は，「=」をふくむかどうかを考える。

45 方程式と解 p.50

解答

1 ㋒　2 ㋑
3 $x=1$　4 $x=-4$

解き方

1 $x=3$を代入したときに，等式が成り立つものを選ぶ。
㋐について，(左辺)$=2\times3-5=1$，
(右辺)$=-1$より等式は成り立たない。
㋑について，(左辺)$=3\times3+6=15$，
(右辺)$=0$より等式は成り立たない。
㋒について，(左辺)$=-2\times3+5=-1$，
(右辺)$=-1$より，(左辺)＝(右辺)となる。
よって，㋒

2 $x=-2$を代入したときに，等式が成り立つものを選ぶ。
㋐について，(左辺)$=2\times(-2)-5=-9$，
(右辺)$=-1$より等式は成り立たない。
㋑について，(左辺)$=3\times(-2)+6=0$，
(右辺)$=0$より，(左辺)＝(右辺)となる。
㋒について，(左辺)$=-2\times(-2)+5=9$，
(右辺)$=-1$より，等式は成り立たない。
よって，㋑

3 文字xに-4，0，1をそれぞれ代入して等式が成り立つものを選ぶ。
$x=-4$のとき，(左辺)$=3\times(-4)-2=-14$
(右辺)$=2-(-4)=6$より等式は成り立たない。
$x=0$のとき，(左辺)$=3\times0-2=-2$
(右辺)$=2-0=2$より等式は成り立たない。
$x=1$のとき，(左辺)$=3\times1-2=1$
(右辺)$=2-1=1$より(左辺)＝(右辺)となる。
よって，$x=1$

4 文字xに-4，0，1をそれぞれ代入して等式が成り立つものを選ぶ。
$x=-4$のとき，(左辺)$=6-(-4)=10$
(右辺)$=-3\times(-4)-2=10$より
(左辺)＝(右辺)となる。
$x=0$のとき，(左辺)$=6-0=6$
(右辺)$=-3\times0-2=-2$より等式は成り立たない。
$x=1$のとき，(左辺)$=6-1=5$
(右辺)$=-3\times1-2=-5$より等式は成り立たない。
よって，$x=-4$

ポイント

方程式を成り立たせる文字の値を，その方程式の解という。また，その解を求めることを方程式を解く（と）という。
ある値が方程式の解になっているかどうかは，その値を方程式の左辺と右辺にそれぞれ代入して左辺と右辺が等しくなるかどうかで判断する。

46 等式の性質 p.51

解答

1 (1)　ア…7　イ…7　ウ…13　(2)　$x=15$
(3)　エ…4　オ…4　カ…-6　(4)　$x=-6$
2 (1)　キ…3　ク…3　ケ…27　(2)　$x=-10$
(3)　コ…8　サ…8　シ…-6　(4)　$x=7$

解き方

1 (1)(2)　$A=B$ならば　❶ $A+C=B+C$を使う
(2)　$x-10+10=5+10$
$x=15$
(3)(4)　$A=B$ならば　❷ $A-C=B-C$を使う
(4)　$x+8-8=2-8$
$x=-6$

2 (1)(2)　$A=B$ならば　❸ $AC=BC$を使う
(2)　$-\frac{x}{5}\times(-5)=2\times(-5)$
$x=-10$
(3)(4)　$A=B$ならば　❹ $\frac{A}{C}=\frac{B}{C}$　$(C\neq0)$を使う
(4)　$-2x=-14$
$\frac{-2x}{-2}=\frac{-14}{-2}$
$x=7$

ポイント

等式の性質：$A=B$ならば

❶ $A+C=B+C$ ❷ $A-C=B-C$

❸ $AC=BC$ ❹ $\frac{A}{C}=\frac{B}{C}(C\neq 0)$ ❺ $B=A$

47 等式の性質を使う

p.52

解答

1 (1) $x=3$ (2) $x=\frac{5}{3}$ (3) $x=-0.2$

(4) $x=-\frac{1}{6}$

2 (1) $x=-6$ (2) $x=\frac{5}{3}$ (3) $x=9$

(4) $x=\frac{8}{3}$

解き方

1 (1)

$$x-0.6=2.4$$
$$x-0.6+0.6=2.4+0.6$$
$$x=3$$

(2)

$$x-\frac{1}{3}=\frac{4}{3}$$
$$x-\frac{1}{3}+\frac{1}{3}=\frac{4}{3}+\frac{1}{3}$$
$$x=\frac{5}{3}$$

(3)

$$x+0.6=0.4$$
$$x+0.6-0.6=0.4-0.6$$
$$x=-0.2$$

(4)

$$x+\frac{1}{2}=\frac{1}{3}$$
$$x+\frac{1}{2}-\frac{1}{2}=\frac{1}{3}-\frac{1}{2}$$
$$x=\frac{2}{6}-\frac{3}{6}$$
$$x=-\frac{1}{6}$$

2 (1)

$$-\frac{x}{10}=\frac{3}{5}$$
$$-\frac{x}{10}\times(-10)=\frac{3}{5}\times(-10)$$
$$x=-6$$

(2)

$$-\frac{x}{6}=-\frac{5}{18}$$
$$-\frac{x}{6}\times(-6)=-\frac{5}{18}\times(-6)$$
$$x=\frac{5}{3}$$

(3)

$$\frac{2}{3}x=6$$
$$\frac{2}{3}x\times\frac{3}{2}=6\times\frac{3}{2}$$
$$x=9$$

（別解）

$$\frac{2}{3}x=6$$
$$\frac{2}{3}x\times 3=6\times 3$$
$$2x=18$$
$$\frac{2x}{2}=\frac{18}{2}$$
$$x=9$$

(4)

$$-\frac{5}{4}x=-\frac{10}{3}$$
$$-\frac{5}{4}x\times\left(-\frac{4}{5}\right)=-\frac{10}{3}\times\left(-\frac{4}{5}\right)$$
$$x=\frac{8}{3}$$

48 移項

p.53

解答

1 (1) $x=8$ (2) $x=3$ (3) $x=5$

(4) $x=-3$

2 (1) $x=6$ (2) $x=-2$ (3) $x=-3$

(4) $x=3$

解き方

1 (1)

$$2x+4=20$$
$$2x=20-4$$
$$\frac{2x}{2}=\frac{16}{2}$$
$$x=8$$

左辺の +4 を右辺に移項

(2)

$$8x-8=16$$
$$8x=16+8$$
$$\frac{8x}{8}=\frac{24}{8}$$
$$x=3$$

左辺の −8 を右辺に移項

2 (1)

$$3x=2x+6$$
$$3x-2x=6$$
$$x=6$$

右辺の $2x$ を左辺に移項

(2)

$$4x=-14-3x$$
$$4x+3x=-14$$
$$\frac{7x}{7}=\frac{-14}{7}$$
$$x=-2$$

右辺の $-3x$ を左辺に移項

ポイント

等式では，一方の辺の項を，符号を変えて，他方の辺に移すことができる。これを**移項**という。

49 方程式の解き方

p.54

解答

1 (1) $x=3$ (2) $x=-3$ (3) $x=-2$
(4) $x=2$ (5) $x=-4$ (6) $x=2$

解き方

1 (1)

$$4x-5=2x+1$$
$$4x-2x=1+5$$
$$\frac{2x}{2}=\frac{6}{2}$$
$$x=3$$

-5，$2x$ をそれぞれ移項

(3)

$$-4x-3=2x+9$$
$$-4x-2x=9+3$$
$$\frac{-6x}{-6}=\frac{12}{-6}$$
$$x=-2$$

-3，$2x$ をそれぞれ移項

(4)

$$12-x=9x-8$$
$$-x-9x=-8-12$$
$$\frac{-10x}{-10}=\frac{-20}{-10}$$
$$x=2$$

12，$9x$ をそれぞれ移項

ポイント

①x をふくむ項を左辺に，数の項を右辺に移項する。
② $ax=b$ の形にする。
③両辺を x の係数 a でわる。

50 いろいろな方程式①

p.55

解答

1 (1) $x=1$ (2) $x=3$ (3) $x=-26$
2 (1) $x=7$ (2) $x=4$ (3) $x=-2$

解き方

1 (1)

$$2(x+3)=-x+9$$
$$2x+6=-x+9$$
$$2x+x=9-6$$
$$3x=3$$
$$x=1$$

(2)

$$3x+3=4(6-x)$$
$$3x+3=24-4x$$
$$3x+4x=24-3$$
$$7x=21$$
$$x=3$$

(3)

$$3(x-2)=4(x+5)$$
$$3x-6=4x+20$$
$$3x-4x=20+6$$
$$-x=26$$
$$x=-26$$

2 (2)

$$12-7(x-2)=-2$$
$$12-7x+14=-2$$
$$-7x=-2-12-14$$
$$-7x=-28$$
$$x=4$$

51 いろいろな方程式②

p.56

解答

1 (1) $x=-2$ (2) $x=4$ (3) $x=9$
2 (1) $x=7$ (2) $x=5$ (3) $x=-4$

解き方

1 (1) 両辺に2をかけて，

$$3x\times2=\left(\frac{1}{2}x-5\right)\times2$$
$$6x=x-10$$

$5x=-10$

$x=-2$

(2) 両辺に12をかけて，

$\frac{1}{4}x\times12=\left(\frac{1}{6}x+\frac{1}{3}\right)\times12$

$3x=2x+4$

$x=4$

(3) 両辺に12をかけて，

$\left(\frac{1}{12}x+\frac{1}{4}\right)\times12=\left(\frac{x}{3}-2\right)\times12$

$x+3=4x-24$

$-3x=-27$

$x=9$

2 (1) 両辺に10をかけて，

$(0.2x-0.4)\times10=(0.1x+0.3)\times10$

$2x-4=x+3$

$x=7$

(2) 両辺に10をかけて，

$(3-0.4x)\times10=(0.8x-3)\times10$

$30-4x=8x-30$

$-12x=-60$

$x=5$

ポイント

分数をふくむ方程式では，方程式の両辺に**分母の公倍数をかけて**，分数をふくまない方程式にする。

小数をふくむ方程式は，

両辺を10，100，…倍して小数をふくまない方程式に直して計算する。

52 いろいろな方程式③

p.57

解答

1 (1) $x=3$ (2) $x=-2$ (3) $x=5$

2 (1) $x=-1$ (2) $x=3$ (3) $x=-6$

解き方

1 (1) 両辺に15をかけて，

$\left(\frac{1}{3}x+1\right)\times15=\frac{2x+4}{5}\times15$

$5x+15=(2x+4)\times3$

$5x+15=6x+12$

$-x=-3$

$x=3$

(2) 両辺に24をかけて，

$\frac{4x+2}{6}\times24=\frac{3x-2}{8}\times24$

$(4x+2)\times4=(3x-2)\times3$

$16x+8=9x-6$

$7x=-14$

$x=-2$

(3) 両辺に6をかけて，

$\left(x-\frac{3-x}{6}\right)\times6=\frac{16}{3}\times6$

$6x-(3-x)=16\times2$

$6x-3+x=32$

$7x=35$

$x=5$

2 (1) 両辺に100をかけて，

$(0.04x+0.05)\times100=(0.01x+0.02)\times100$

$4x+5=x+2$

$3x=-3$

$x=-1$

(2) 両辺に100をかけて，

$(0.13x-0.3)\times100=(0.18-0.03x)\times100$

$13x-30=18-3x$

$16x=48$

$x=3$

(3) 両辺に100をかけて，

$(0.24x-0.56)\times100=(0.5x+1)\times100$

$24x-56=50x+100$

$-26x=156$

$x=-6$

53 比と比例式

p.58

解答

1 (1) $x=4$ (2) $x=16$ (3) $x=2$

(4) $x=8$

2 (1) $x=5$ (2) $x=4$ (3) $x=-3$

(4) $x=8$

解き方

1 (1) $x:10=2:5$

$x\times5=10\times2$

$5x=20$

$x=4$

(4) $12:18=x:12$

$12\times12=18\times x$

$144=18x$

$18x=144$

$x=8$

2 (1) $2x:4=5:2$

$2x\times2=4\times5$

$4x=20$

$x=5$

(2) $3:(x+5)=1:3$

$3\times3=(x+5)\times1$

$9=x+5$

$x+5=9$

$x=4$

(3) $6:8=(3-2x):12$

$6\times12=8\times(3-2x)$

$72=24-16x$

$16x=-48$

$x=-3$

(4) $x:(2x-4)=4:6$

$x\times6=(2x-4)\times4$

$6x=8x-16$

$-2x=-16$

$x=8$

ポイント

比$x:y$で，$\frac{x}{y}$を比の値（ひ）（あたい）という。

$a:b=c:d$ならば $ad=bc$

54 方程式の利用①

p.59

解答

1 (1) $3x+1$ (2) $5x-3$
(3) $3x+1=5x-3$ (4) $x=2$

2 6

解き方

1 (1) ある自然数をxとすると，ある自然数を3倍して1をたした数は，$x\times3+1$と表される。

(2) ある自然数を5倍して3をひいた数は$x\times5-3$と表される。

(3) (1)(2)で表した数が等しいことから，$x\times3+1=x\times5-3$が成り立つ。
つまり，$3x+1=5x-3$

(4) $3x+1=5x-3$　$-2x=-4$
$x=2$となり，xは自然数なので，問題に適している。よって，2

2 ある自然数をxとすると，ある自然数から2をひいた数を4倍した数は，$(x-2)\times4$と表され，ある自然数を3倍して2をひいた数は$x\times3-2$と表される。これらが等しいことから，$(x-2)\times4=x\times3-2$が成り立つ。

$4x-8=3x-2$　$x=6$となり，xは自然数なので，問題に適している。よって，6

ポイント

❶問題の意味をよく考え，何をxで表すかを決める。

❷問題にふくまれている数量を，xを使って表す。必要があれば図や表を使って整理する。

❸数量の関係を見つけて，方程式を立てる。

❹つくった方程式を解く。

❺方程式の解が，問題に適しているかを確かめて答えとする。

55 方程式の利用②

p.60

解答

1 6本

2 220円

3 みかん：9個　りんご：4個

4 ボールペン：6本　消しゴム：8個

解き方

1 買ったボールペンの本数をx本とすると，

ボールペン x本の代金	+	えんぴつ 7本の代金	= 1220

$110\times x + 80\times 7 = 1220$ が成り立つ。

$110x+560=1220$

$110x=660$　　$x=6$　これは，問題に適している。よって，買ったボールペンの本数は6本である。

2 ゼリー1個の値段をx円とすると，ゼリーを6個，1個120円のドーナツを4個買ったときの代金は$x\times6+120\times4$(円)と表され，2000円で，これらを買ったときのおつりは200円だったことから，

$2000-(x\times6+120\times4)=200$ が成り立つ。

$2000-(6x+480)=200$

$2000-6x-480=200$

$-6x=-1320$　　$x=220$ となり，

これは問題に適している。よって，ゼリー1個の値段は220円

3 買ったみかんの個数をx個とすると，りんごの個数は$13-x$(個)と表されるので，

$110\times x+150\times(13-x)=1590$ が成り立つ。

$110x+1950-150x=1590$

$-40x=-360$　　$x=9$ となり，これは問題に適している。よって，買ったみかんの個数は9個，りんごの個数は，$13-9=4$(個)である。

あわせてa個となる場合，一方の数量をx個として，もう一方の数量は$a-x$(個)で表すことができる。

56 方程式の利用③

p.61

解答

1 (1) $6x+8$，$8x-16$
(2) $6x+8=8x-16$
(3) 12人
(4) 80枚

2 (1) $10x-200=8x+40$
(2) **クッキーの値段：120円**
所持金：1000円

解き方

1 (1)

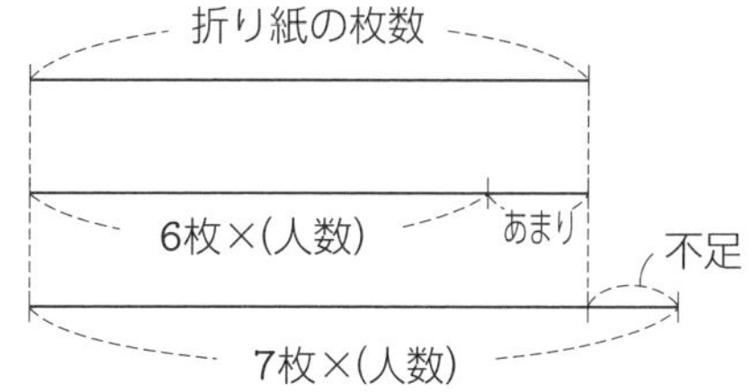

生徒の人数をx人とすると，1人6枚ずつ分けるときの必要な折り紙の枚数は，

$6\times x=6x$(枚)であり，このとき8枚あまることから，もとの折り紙の枚数は

$6x+8$(枚)と表される。また，1人8枚ずつ分けるときの必要な折り紙の枚数は，

$8\times x=8x$(枚)であり，このとき16枚たりないことから，もとの折り紙の枚数は

$8x-16$(枚)と表される。

(2) 同じ折り紙の枚数を表しているので，

$6x+8=8x-16$

(3) $6x+8=8x-16$ を解くと，

$6x+8=8x-16$　　$-2x=-24$

$x=12$　これは問題に適している。よって，生徒の人数は12人

(4) 折り紙の枚数は $6\times12+8=80$(枚)

2 (1)

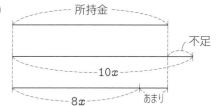

所持金
不足
$10x$
$8x$
あまり

クッキー1枚の値段をx円とすると，10枚買ったときの代金は$x\times10=10x$(円)であり，この代金は所持金では200円たりないことから所持金は$10x-200$(円)と表される。また，8枚買ったときの代金は

$x\times8=8x$(円)であり，この代金は所持金が40円あまることから所持金は$8x+40$(円)と表される。同じ所持金を表しているので，

$10x-200=8x+40$ が成り立つ。

(2) $10x-200=8x+40$ を解くと，

$10x-200=8x+40$

$2x=240$　　$x=120$　これは問題に適している。よって，クッキー1枚の値段は120円，所持金は $10\times120-200=1000$(円)

ポイント

配る人やものをxとして表し，総数をxをつかって，2通りに表して方程式をつくる。このあと学習するp.62の表し方とどちらが表しやすいか自分なりに考えてみよう。

57 方程式の利用④

p.62

解答

1 (1) **生徒の人数**

(2) **折り紙の枚数：80枚**

生徒の人数：12人

2 (1) $\frac{x+200}{10}=\frac{x-40}{8}$

(2) **所持金：1000円**

クッキーの値段：120円

解き方

1 (1) 左辺の$x-8$(枚)と，右辺の$x+16$(枚)は配るのに必要な枚数を表しているので，

$\frac{x-8}{6}$，$\frac{x+16}{8}$は生徒の人数を表している。

(2) $\frac{x-8}{6}=\frac{x+16}{8}$を解く。

$\frac{x-8}{6}\times24=\frac{x+16}{8}\times24$

$(x-8)\times4=(x+16)\times3$

$4x-32=3x+48$　　$x=80$となり，

これは問題に適している。よって，

折り紙の枚数は80枚，生徒の人数は12人

2 (1) 所持金をx円とすると，10枚買うとき所持金では200円たりないことから，買うのに必要な金額は$x+200$(円)であり，このときのクッキー1枚の値段は，

$(x+200)\div10=\frac{x+200}{10}$(円)と表される。また，8枚買うとき所持金が40円あまることから，買うのに必要な金額は$x-40$(円)であり，このときのクッキー1枚の値段は，

$(x-40)\div8=\frac{x-40}{8}$(円)と表される。

同じクッキー1枚の値段を表しているので，

$\frac{x+200}{10}=\frac{x-40}{8}$が成り立つ。

(2) $\frac{x+200}{10}=\frac{x-40}{8}$を解く。

$\frac{x+200}{10}\times40=\frac{x-40}{8}\times40$

$(x+200)\times4=(x-40)\times5$

$4x+800=5x-200$

$-x=-1000$　　$x=1000$

これは問題に適している。よって，所持金は1000円，クッキー1枚の値段は120円

ポイント

総数をxとして表し，配る人やものをxをつかって，2通りに表して方程式をつくる。

58 方程式の利用⑤

p.63

解答

1 (1) $10+x$　(2) $38+x$

(3) $38+x=(10+x)\times3$

(4) **4年後**

2 (1) $(x+23)+9=(x+9)\times2$

(2) **14歳**

解き方

1 (1) x年後のひろとさんの年齢は，$10+x$(歳)と表される。

(2) x年後のお父さんの年齢は，$38+x$(歳)と表される。

(3) (x年後のひろとさんの年齢)×3になることから，$38+x=(10+x)\times3$となる。

(4) $38+x=30+3x$　$-2x=-8$　　$x=4$

これは，問題に適している。したがって，ひろとさんのお父さんの年齢がひろとさんの年齢の3倍になるのは4年後である。

2 (1) 現在のあおいさんの年齢がx歳とすると，9年後のあおいさんの年齢は，$x+9$(歳)と表され，現在の先生の年齢は$x+23$(歳)と表されるので，9年後の先生の年齢は$(x+23)+9$(歳)と表される。

［9年後の先生の年齢］＝［9年後のあおいさんの年齢］×2

になることから，$(x+23)+9=(x+9)\times 2$

(2)　$x+32=2x+18$　　$-x=-14$　　$x=14$

これは問題に適している。

したがって，現在のあおいさんの年齢は14歳である。

59 方程式の利用⑥

p.64

解答

1 (1)　姉：$240x$　　妹：$80(12+x)$

(2)　$240x=80(12+x)$

(3)　6分後

2 (1)　$80x=60(1+x)$

(2)　3時間後

解き方

1 (1)　姉が家を出発してからx分後に妹に追いついたとき，姉が進んだ道のりは，

$240\times x=240x$(m)と表され，妹は$12+x$(分)間歩いているので，妹が進んだ道のりは，

$80\times(12+x)=80(12+x)$(m)と表される。

(2)　これらの道のりが等しくなるので，方程式は$240x=80(12+x)$と表される。

(3)　$240x=960+80x$

$160x=960$　　$x=6$

このとき進んだ道のりは$240\times 6=1440$(m)であり，これは問題に適している。

2 (1)　自動車Bが地点Pを通過してからx時間後に自動車Aに追いついたとき，自動車Bが進んだ道のりは，$80\times x=80x$(km)と表され，自動車Aは$1+x$(時間)進んでいるので，自動車Aが進んだ道のりは，

$60\times(1+x)=60(1+x)$(km)と表される。これらの道のりが等しくなるので，方程式は$80x=60(1+x)$と表される。

(2)　$80x=60+60x$　　$20x=60$

$x=3$　これは，問題に適している。

ポイント

AがBに追いつくとき，

(Aが進んだ道のり)＝(Bが進んだ道のり)が成り立つ。

60 比例式の利用

p.65

解答

1 160mL　　2 150mL

3 105cm　　4 100mL

解き方

1 必要な牛乳の量をxmLとすると，

$200:x=5:4$が成り立つ。

$200:x=5:4$　　$x\times 5=200\times 4$

$5x=800$　　$x=160$となり，これは問題に適している。よって，160mL

3 兄と弟の長さの比は7：5だから全体の長さは$7+5=12$となる。兄がもらうテープの長さをx cmとすると，$x:180=7:12$となる。

これを解くと，$x=105$となり問題に適している。

(別解)　兄がもらうテープの長さを$x$cmとすると，弟がもらうテープの長さは$180-x$(cm)と表される。よって，$x:(180-x)=7:5$が成り立つので，これを解くと，

$x:(180-x)=7:5$

$x\times 5=(180-x)\times 7$

$5x=1260-7x$　　$12x=1260$

$x=105$となり，これは問題に適している。

数の量の関係に着目して，等しい比をもとに比例式をつくる。

61 関数

p.66

解答

1 ㋑，㋒
2 (1) ㋐…6　㋑…4
　(2) **y は x の関数である**

解き方

1 x の値を決めると，それに対応して y の値がただ1つに決まるものを選ぶと，㋑と㋒
㋐は，底辺 x cmを決めても，高さが決まらないと，平行四辺形の面積 y cm^2 は1つに決まらないので，y は x の関数でない。

2 (1) (縦)×(横)＝(面積)より，㋐について，縦が2cmのときの横は，2×(横)＝12，(横)＝12÷2＝6となる。㋑について，横が3cmのときの縦は，(縦)×3＝12，(縦)＝12÷3＝4となる。
(2) x の値を決めると，それに対応して y の値がただ1つに決まっているので，y は x の関数である。

ポイント

x の値を決めると，それに対応して y の値がただ1つに決まるとき，**y は x の関数である**という。

62 変域

p.67

解答

1 (1) $2<x\leqq10$　(2) $3\leqq x\leqq6$　(3) $x<4$
　(4) $10<x$
2 (1) $2\leqq x<4$　(2) $3<x<6$　(3) $x\leqq7$
　(4) $5<x$

解き方

1 (1) 変数 x は2をふくまず，10をふくむので，$2<x\leqq10$
(2) 変数 x は3も6もふくむので，$3\leqq x\leqq6$
(3) 変数 x は4をふくまず，4より小さいので，$x<4$

2 (1) 変数 x は2をふくみ，4をふくまないので，$2\leqq x<4$
(2) 変数 x は3も6もふくまないので，$3<x<6$
(3) x は7をふくみ，7以下なので，$x\leqq7$

ポイント

x がその値をふくむ場合は＝をつけて，x がその値をふくまない場合は＝をつけずに不等号に表す。
数直線で表された変域について，●のときは，その値をふくみ，○のときは，その値をふくまないことで表すことが多い。

63 比例の関係

p.68

解答

1 (1) **ア…4　イ…12　ウ…20**
　(2) **y の値は2倍，3倍，4倍，…になる。**
　(3) **$y=4x$**　(4) **4**
2 (1) **エ…−9　オ…−6　カ…−3　キ…6**
　(2) **y の値は2倍，3倍，4倍，…になる。**
　(3) **$y=3x$**
　(4) **3**

解き方

1 (1) (面積)＝(縦)×(横)より，y の値はそれぞれ，1×4＝4，2×4＝8，3×4＝12，4×4＝16，5×4＝20，6×4＝24
(3) (1)より y の値は，x の4倍なので，$y=4x$
(4) $y=4x$ の4を**比例定数**という。

2 (1)

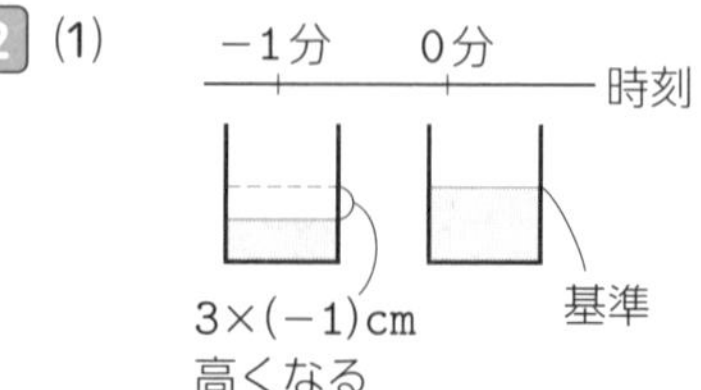

1分間に3cmの割合で水面が上がることから，1分後に水面の高さは3cmとなり，1分前の水面の高さは−3cmとなる。よって，

$x=-3$のとき3分前だから$y=3\times(-3)=-9$
$x=-2$のとき2分前だから$y=3\times(-2)=-6$
$x=-1$のとき1分前だから$y=3\times(-1)=-3$
$x=2$のとき2分後だから$y=3\times2=6$となる。

(3) yの値は，xの3倍なので，$y=3x$

(4) $y=3x$の3を**比例定数**という。

ポイント

yがxに**比例**するとき，$\boldsymbol{y=ax}$(aは定数)と表され，aを**比例定数**という。

64 比例の式

p.69

解答

1 (1) $y=3x$ (2) $y=-6$

2 (1) $y=-4x$ (2) $x=\frac{1}{2}$

3 (1) $y=-\frac{1}{2}x$ (2) $y=-4$

4 (1) $y=\frac{5}{3}x$ (2) $x=-6$

解き方

1 (1) yはxに比例することから，$y=ax$と表される。$x=3$，$y=9$を代入すると，$9=3a$
これを解くと，$a=3$だから，$y=3x$

(2) $y=3x$に$x=-2$を代入すると，
$y=3\times(-2)=-6$

2 (1) yはxに比例することから，$y=ax$と表される。$x=2$，$y=-8$を代入すると，
$-8=2a$ これを解くと，$a=-4$だから，
$y=-4x$

(2) $y=-4x$に$y=-2$を代入すると，
$-2=-4x$ $x=\frac{-2}{-4}=\frac{1}{2}$

3 (1) yはxに比例することから，$y=ax$と表される。$x=-6$，$y=3$を代入すると，
$3=-6a$ これを解くと，$a=-\frac{1}{2}$だから，
$y=-\frac{1}{2}x$

(2) $y=-\frac{1}{2}x$に$x=8$を代入すると，
$y=-\frac{1}{2}\times8=-4$

4 (1) yはxに比例することから，$y=ax$と表される。$x=9$，$y=15$を代入すると，
$15=9a$ これを解くと，$a=\frac{5}{3}$だから，
$y=\frac{5}{3}x$

(2) $y=\frac{5}{3}x$に$y=-10$を代入すると，
$-10=\frac{5}{3}x$ $x=-6$

ポイント

yはxに比例するとき，$\boldsymbol{y=ax}$と表される。

65 座標

p.70

解答

1 A(4, 4) B(−2, −1) C(3, 0)
D(0, 2)

2

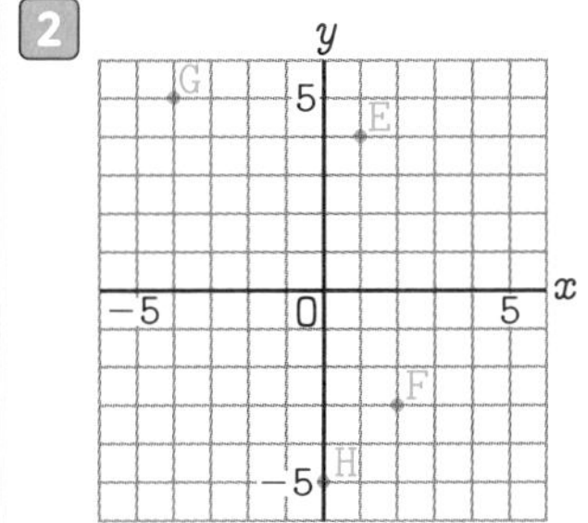

解き方

1 Aとx軸，y軸に垂直にひいた直線との交点の目もりについて，x軸は4，y軸は4となるからA(4, 4)となる。Cについて，x軸上にあるとき，y座標は0なので，C(3, 0)となる。Dについて，y軸上にあるとき，x座標は0なので，D(0, 2)となる。

2 (1) x座標は1，y座標は4なので，Eは原点から右へ1，上へ4だけ進んだところにある。

(2) x座標は2，y座標は-3なので，Fは原点から右へ2，下へ3だけ進んだところにある。

(4) x座標は0，y座標は-5なので，Hは原点から下へ5だけ進んだところにある。

ポイント

x座標が正の数のとき原点から右に進んだところにあり，x座標が負の数のとき原点から左に進んだところにある。また，y座標が正の数のとき原点から上に進んだところにあり，y座標が負の数のとき原点から下に進んだところにある。

座標を求めるとき，点からx軸，y軸に垂直にひいた直線が，x軸，y軸と交わる点の目もりを読みとる。

66 比例のグラフをかく

p.71

解答

1

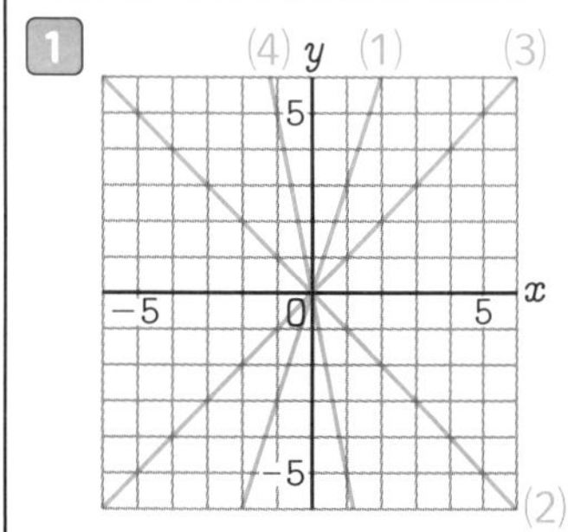

2

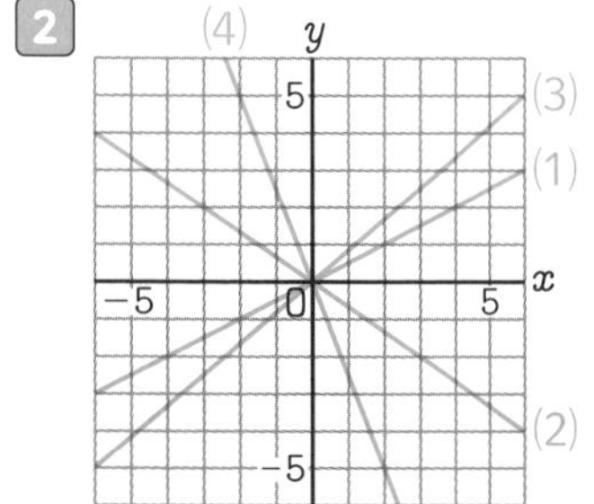

解き方

1 (1) $x=1$のとき，$y=3\times1=3$なので，原点と点(1，3)を通る直線をひく。

(2) $x=1$のとき，$y=-1\times1=-1$なので，原点と点(1，-1)を通る直線をひく。

(3) $x=1$のとき，$y=1$なので，原点と点(1，1)を通る直線をひく。

(4) $x=1$のとき，$y=-5\times1=-5$なので，原点と点(1，-5)を通る直線をひく。

2 (1) $x=2$のとき，$y=\frac{1}{2}\times2=1$なので，原点と点(2，1)を通る直線をひく。

(2) $x=3$のとき，$y=-\frac{2}{3}\times3=-2$なので，原点と点(3，-2)を通る直線をひく。

(3) $x=6$のとき，$y=\frac{5}{6}\times6=5$なので，原点と点(6，5)を通る直線をひく。

ポイント

比例のグラフは，原点を通る直線である。

比例のグラフをかくには，原点以外の1点を求め，その点と原点を通る直線をひけばよい。

67 比例のグラフをよむ

p.72

解答

1 (1) $y=\frac{1}{3}x$ (2) $y=-\frac{3}{2}x$ (3) $y=2x$
(4) $y=-6x$

2 (1) $y=\frac{3}{5}x$ (2) $y=-\frac{5}{4}x$ (3) $y=5x$
(4) $y=-x$

解き方

1 (1) yはxに比例するから，$y=ax$と表せる。グラフは(3，1)を通るから，$x=3$，$y=1$を代入すると，$a=\frac{1}{3}$より，$y=\frac{1}{3}x$

(2) yはxに比例するから，$y=ax$と表せる。グラフは(2，-3)を通るから，$x=2$，$y=-3$を代入すると，$a=-\frac{3}{2}$より，$y=-\frac{3}{2}x$

(3) yはxに比例するから，$y=ax$と表せる。グラフは(1，2)を通るから，$x=1$，$y=2$を代入すると，$a=2$より，$y=2x$

2 (4) yはxに比例するから，$y=ax$と表せる。グラフは(1，-1)を通るから，$x=1$，$y=-1$を代入すると，$a=-1$より，$y=-x$

ポイント

原点を通る直線は比例のグラフであり，その式を求めるには，x座標，y座標の組を$y=ax$に代入して求める。

68 反比例の関係

p.73

解答

1 (1)

x	1	2	3	4	5	6
y	60	30	20	15	12	10

(2) yの値は，$\frac{1}{2}$倍，$\frac{1}{3}$倍，$\frac{1}{4}$倍，…になる。

(3) $y=\frac{60}{x}$

(4) 60

2 (1)

x	1	2	3	4	5	6
y	1800	900	600	450	360	300

(2) yの値は，$\frac{1}{2}$倍，$\frac{1}{3}$倍，$\frac{1}{4}$倍，…になる。

(3) $y=\frac{1800}{x}$

(4) 1800

解き方

1 (1) (満水になる時間)
=(水そうの容積)÷(1分あたりの容積)より，
yの値はそれぞれ，60÷1=60，60÷2=30，
60÷3=20，60÷4=15，60÷5=12，
60÷6=10となる。

(3) (1)よりxyの値が一定であり，$xy=60$だから，$y=\frac{60}{x}$

(4) $y=\frac{60}{x}$の60を**比例定数**という。

2 (1) (時間)=(道のり)÷(速さ)より，yの値はそれぞれ，1800÷1=1800，
1800÷2=900，1800÷3=600，
1800÷4=450，1800÷5=360，
1800÷6=300となる。

(3) (1)よりxyの値が一定であり，
$xy=1800$だから，$y=\frac{1800}{x}$

(4) $y=\frac{1800}{x}$の1800を**比例定数**という。

ポイント

yがxに**反比例**するとき，$y=\frac{a}{x}$（aは定数）と表され，aを**比例定数**という。

69 反比例の式

p.74

解答

1 (1) $y=\frac{18}{x}$ (2) $y=3$

2 (1) $y=\frac{24}{x}$ (2) $x=8$

3 (1) $y=-\frac{36}{x}$ (2) $y=-3$

4 (1) $y=-\frac{40}{x}$ (2) $x=-2$

解き方

1 (1) yはxに反比例することから，$y=\frac{a}{x}$と表される。$x=9$，$y=2$を代入すると，

$2=\frac{a}{9}$ これを解くと，$a=18$だから，

$y=\frac{18}{x}$

(2) (1)から，$y=\frac{18}{x}$に$x=6$を代入すると，

$y=\frac{18}{6}=3$

4 (1) yはxに反比例することから，$y=\frac{a}{x}$と表される。$x=-8$，$y=5$を代入すると，

$5=\frac{a}{-8}$ これを解くと，$a=-40$だから，

$y=-\frac{40}{x}$

(2) (1)から$y=-\frac{40}{x}$に$y=20$を代入すると，

$y=-\frac{40}{20}=-2$

ポイント

yがxに反比例するとき，$y=\frac{a}{x}$と表される。

70 反比例のグラフをかく p.75

解答

1 (1)

x	−6	−5	−4	−3	−2	−1	0
y	−2	−2.4	−3	−4	−6	−12	×

1	2	3	4	5	6
12	6	4	3	2.4	2

(2)

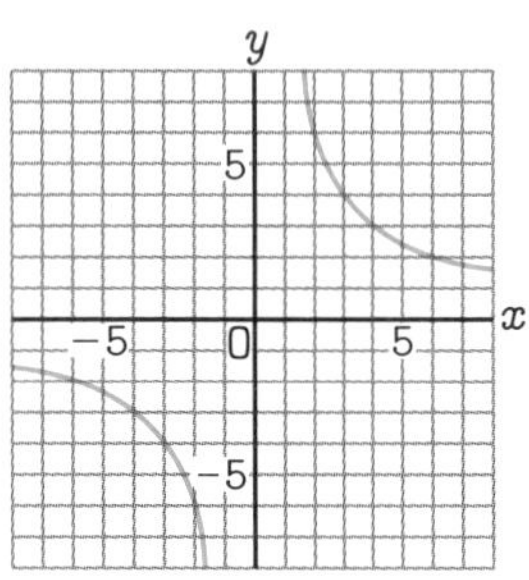

2

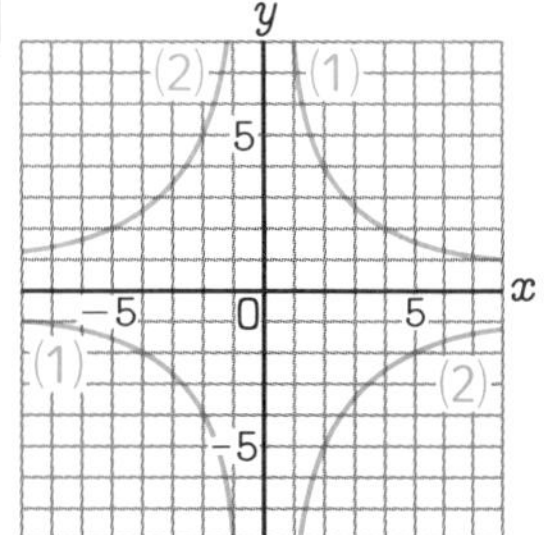

解き方

1 (1) $y=\frac{12}{x}$ の x に値を代入して y の値を求めると，$y=\frac{12}{-6}=-2$，$y=\frac{12}{-5}=-2.4$，$y=\frac{12}{-4}=-3$，$y=\frac{12}{-3}=-4$，$y=\frac{12}{-2}=-6$，$y=\frac{12}{-1}=-12$，$y=\frac{12}{1}=12$，$y=\frac{12}{2}=6$，$y=\frac{12}{3}=4$，$y=\frac{12}{4}=3$，$y=\frac{12}{5}=2.4$，$y=\frac{12}{6}=2$ となる。

(2) (1)より，$(-6,\ -2)$，$(-4,\ -3)$，$(-3,\ -4)$，$(-2,\ -6)$，$(2,\ 6)$，$(3,\ 4)$，$(4,\ 3)$，$(6,\ 2)$ を通る双曲線をかく。

2 (1) $y=\frac{8}{x}$ の x に値を代入して x と y の値がどちらも整数になる点を求めると，$(-8,\ -1)$，$(-4,\ -2)$，$(-2,\ -4)$，$(-1,\ -8)$，$(1,\ 8)$，$(2,\ 4)$，$(4,\ 2)$，$(8,\ 1)$ となるので，これを通る双曲線をかく。

ポイント

反比例のグラフは，双曲線である。

71 反比例のグラフをよむ p.76

解答

1 (1) $y=\frac{25}{x}$ (2) $y=-\frac{2}{x}$

2 (1) $y=\frac{6}{x}$ (2) $y=-\frac{16}{x}$

解き方

1 (1) y は x に反比例するから，$y=\frac{a}{x}$ と表せ，グラフは $(5,\ 5)$ を通るから，$x=5$，$y=5$ を代入して，$5=\frac{a}{5}$，$a=25$ より，$y=\frac{25}{x}$

(2) y は x に反比例するから，$y=\frac{a}{x}$ と表せ，グラフは $(1,\ -2)$ を通るから，$x=1$，$y=-2$ を代入して，$-2=\frac{a}{1}$，$a=-2$ より，$y=-\frac{2}{x}$

ポイント

双曲線は反比例のグラフであり，その式を求めるには，x 座標，y 座標の組を $y=\frac{a}{x}$ に代入して求める。

72 比例の利用① p.77

解答

1 (1) 姉：分速80m
妹：分速60m
(2) 姉：$y=80x$
妹：$y=60x$
(3) 900m (4) 5分間

解き方

1 (1)　姉は5分間で400m進んでいるので，
400÷5=80より，分速80mとなる。妹は
5分間で300m進んでいるので，
300÷5=60より，分速60m

(2)　(道のり)=(速さ)×(時間)で，(1)より，姉のグラフの式は，$y=80x$となり，
妹のグラフの式は，$y=60x$となる。

(3)　公園は学校から1200m離れているので，
姉のグラフについて，$y=1200$のときの
xの値は$x=15$となる。妹のグラフについて
$x=15$のときのyの値は$y=900$より，
妹は900m歩いている。

(4)　(3)より，$x=15$のときに姉は公園に着く。
妹のグラフについて，
$y=1200$のときのxの値は
$x=20$となるので，20−15=5(分間)

ポイント

xは時間，yは道のりから問題の条件に合った値を読み取る。

73 比例の利用②

p.78

解答

1 (1)　$y=5x$　(2)　$0 \leqq x \leqq 10$
(3)　$0 \leqq y \leqq 50$　(4)　6cm

2 (1)　$y=4x$　(2)　$0 \leqq x \leqq 10$
(3)　$0 \leqq y \leqq 40$　(4)　7cm

解き方

1 (1)　(三角形APDの面積)$=\frac{1}{2}\times$AD×AP

$=\frac{1}{2}\times 10\times x=5x$より，$y=5x$

(2)　点PはAからBまで動くので，PがAにあるときはAP=0cm，PがBにあるときは，AP=10cmなので，$0 \leqq x \leqq 10$

(3)　(1)(2)より，$x=0$のときのyの値は$y=0$，
$x=10$のときのyの値は$y=5\times 10=50$となるので，$0 \leqq y \leqq 50$

(4)　三角形APDの面積が30cm^{2}より$y=30$のときのxの値を求めればよい。(1)より$y=30$を$y=5x$に代入して，$30=5x$　　$x=6$となるので，6cm

2 (1)　(三角形ABPの面積)$=\frac{1}{2}\times$AB×BP

$=\frac{1}{2}\times 8\times x=4x$より，$y=4x$

(2)　点PはBからCまで動くので，PがBにあるときはBP=0cm，PがCにあるときは，BP=10cmなので，$0 \leqq x \leqq 10$

(4)　三角形ABPの面積が28cm^{2}より$y=28$のときのxの値を求めればよい。(1)より$y=28$を$y=4x$に代入して，$28=4x$　　$x=7$となるので，7cm

ポイント

三角形の面積を求める式を，x，yを用いて表す。

74 反比例の利用

p.79

解答

1 (1)　$y=\frac{3000}{x}$　(2)　5分　(3)　3分

2 (1)　$y=\frac{4800}{x}$　(2)　9分36秒
(3)　4分48秒

解き方

1 (1)　yはxに反比例するので，$y=\frac{a}{x}$と表すことができる。$x=500$のとき，$y=6$であることから，$6=\frac{a}{500}$より$a=3000$となるので，

$y=\frac{3000}{x}$

(2)　レンジの出力が600Wのときの温まる時間は，(1)より$y=\frac{3000}{x}$について$x=600$のときのyの値を求めればよい。

$y=\frac{3000}{600}=5$より5分

2 (1)　yはxに反比例するので，$y=\frac{a}{x}$と表すことができる。$x=600$のとき，$y=8$であることから，$8=\frac{a}{600}$より$a=4800$となるので，

$y=\dfrac{4800}{x}$

(2) レンジの出力が500Wのときの温まる時間は，(1)より$y=\dfrac{4800}{x}$について$x=500$のときのyの値を求めればよい。

$y=\dfrac{4800}{500}=\dfrac{48}{5}=9\dfrac{3}{5}$(分)となり，

$\dfrac{3}{5}$分$=\dfrac{3}{5}\times60$秒$=36$秒だから，9分36秒

ポイント

(電子レンジの出力)×(食品が温まるまでの時間)が一定であることを用いて考える。

5章　平面図形

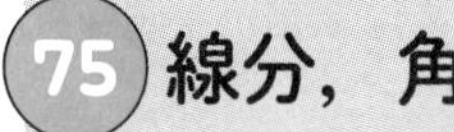

75 線分，角

p.80

解答

1

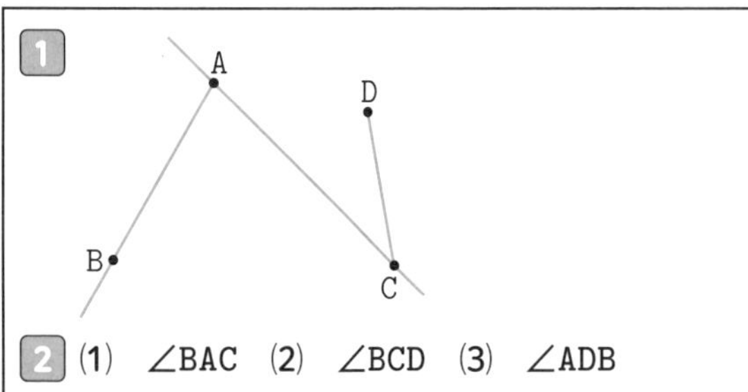

2 (1) ∠BAC (2) ∠BCD (3) ∠ADB

解き方

1 (1) 直線ACはAとCを通り，限りなくのびている線である。

(2) 線分CDは直線CDの両端のあるものである。

(3) 半直線ABはAを端として，Bの方にのびた線である。

2 (1) 角㋐は線分ABと線分ACのつくる角なので，∠BAC

(2) 角㋑は線分CBと線分CDのつくる角なので，∠BCD

(3) 角㋒は線分DAと線分DBのつくる角なので，∠ADB

ポイント

まっすぐに限りなくのびた線のことを直線という。

直線の一部分で，両端のあるものを線分という。

1点を端として一方にだけのびたものを半直線という。

角は，囲まれている2つの半直線の文字を使って表すことができる。

76 垂直，平行

p.81

解答

1 (1) AC⊥BD (2) AB//DC (3) BC//AD

2 (1) AB⊥AD，AB⊥BC (2) BD⊥AC

(3) AB//DC

解き方

1 (1) 直線ACと垂直の関係になる直線は，直線BDであるから，AC⊥BD

(2) 直線ABと平行の関係になる直線は，直線DCであるから，AB//DC

2 (1) 直線ABと垂直の関係になる直線は，直線ADとBCであるから，AB⊥AD，AB⊥BC

(3) 直線ABと平行の関係になる直線は，直線DCであるから，AB//DC

ポイント

2直線ℓ，mが交わってできる角が直角であるとき，ℓとmは垂直であるといい，$\ell\perp m$と表す。

2直線ℓ，mが交わらないとき，ℓとmは平行であるといい，$\ell // m$と表す。

77 三角形

p.82

解答

1 (1) △ABC，△ABE，△AEC，△ACD

(2) △ABE，△ABC，△BCE，△ADE，△ADC，△CDE

(3) △ABC，△ADE，△ABE，△BED，△BCE

(4) △ABC，△ABE，△BCE，△ABD，△ACD，△AED，△CDE，△BCD

解き方

1 (1)　3点A，B，Cを頂点とする三角形ABCを△ABC，3点A，B，Eを頂点とする三角形ABEを△ABE，3点A，E，Cを頂点とする三角形AECを△AEC，3点A，C，Dを頂点とする三角形ACDを△ACDと表す。

ポイント

3点A，B，Cを頂点とする三角形ABCを△ABCと表す。

78 図形の移動①

p.83

解答

1	(1)	△OEB	(2)	△CFO	(3)	△BFO
2	(1)	△DEF	(2)	△ACB	(3)	△EDC

解き方

1 (1)　点Dを点Oに重なるように平行移動させると，点Hは点E，点Oは点Bに重なるから，△OEB

(2)　直線EGを軸に対称移動すると，点Dは点C，点Hは点Fに重なるから，△CFO

(3)　点Oを中心に点対称移動すると，点Dは点B，点Hは点Fに重なるから，△BFO

2 (1)　点Aを点Dに重なるように平行移動させると，点Cは点E，点Dは点Fに重なるから，△DEF

(2)　直線ACを軸に対称移動すると，点Dは点Bに重なるから，△ACB

(3)　点Mを中心に点対称移動すると，点Aは点E，点Cは点D，点Dは点Cに重なるから，△EDC

ポイント

1つの点を中心として，一定の角度だけまわして移すことを**回転移動**という。

・回転移動

A　B　C　D　E　F　O

1つの点Oを中心として一定の角度だけまわす移動

79 図形の移動②

p.84

解答

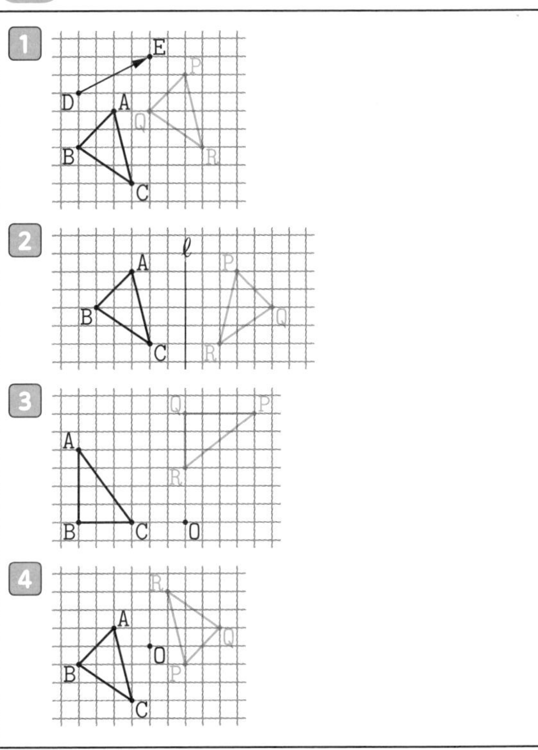

解き方

1　AP//BQ//CRで，AP=BQ=CRとなる点P，Q，Rをきめて△PQRをかく。

2　AP⊥ℓ，BQ⊥ℓ，CR⊥ℓで，AP，BQ，CRのそれぞれの中点が直線ℓ上となる点P，Q，Rをきめて△PQRをかく。

3　AO=PO，BO=QO，CO=ROで，∠AOP=∠BOQ=∠COR=90°となる点P，Q，Rを

きめて△PQRをかく。

4 半直線AO上にAO=POとなるP，半直線BO上にBO=QOとなるQ，半直線CO上にCO=ROとなるRをきめて△PQRをかく。

ポイント

平行移動した図形について，対応する点を結んだ線分どうしは平行で，その長さはすべて等しくなる。

対称移動した図形について，対応する点を結んだ線分は，対称の軸と垂直に交わり，その交点で2等分される。

回転移動した図形について，対応する点は，回転の中心からの距離が等しく，対応する点と回転の中心とを結んでできた角の大きさがすべて等しくなる。また，点対称移動した図形は，対応する点を結んだ線分の中点が対称の中心となる。

80 垂直二等分線の作図

p.85

解答

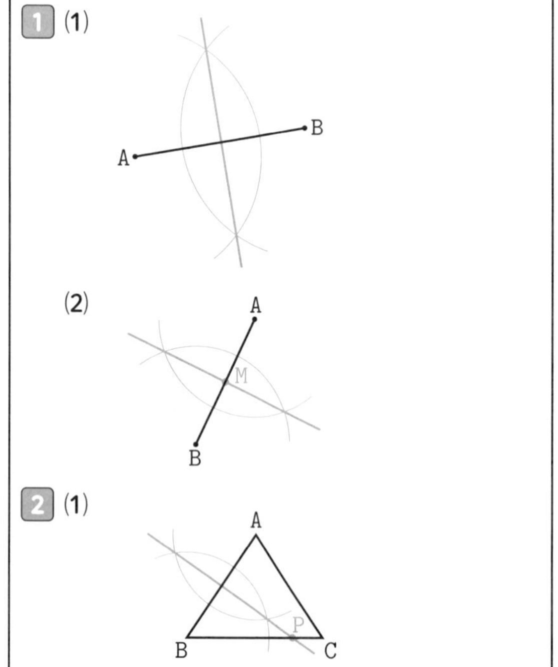

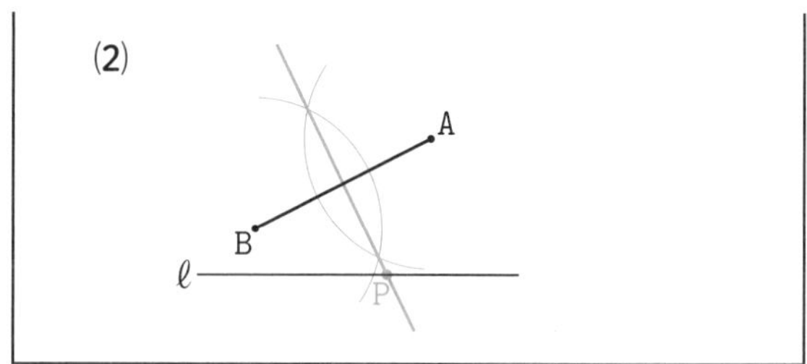

解き方

2 (1) 点AとBから距離が等しいことから，線分ABの垂直二等分線上にあり，辺BC上にある点がPとなる。

ポイント

線分ABの中点は，線分ABの垂直二等分線とABとの交点となる。

2点A，Bからの**距離が等しい点**は，線分ABの**垂直二等分線上**にある。

81 角の二等分線の作図

p.86

解答

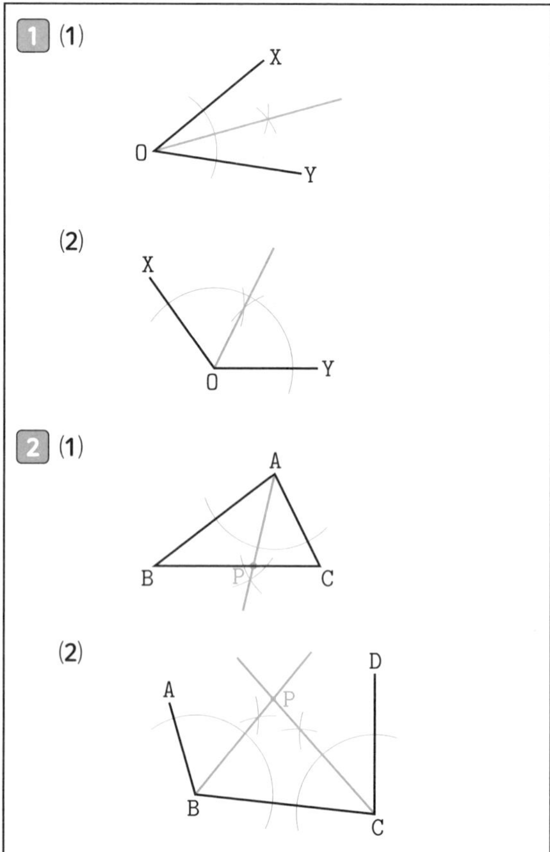

解き方

2 (1) 直線ABとACから距離が等しいことから，∠BACの二等分線上にあり，辺BC上にある点がPとなる。

(2) 直線ABとBCから距離が等しいことから，∠ABCの二等分線上にあり，直線BCとCDから距離が等しいことから，∠BCDの二等分線上にあるので，∠ABCの二等分線と∠BCDの二等分線の交点がPとなる。

ポイント

2**直線**AB，ACからの**距離が等しい点**は，∠BACの**二等分線上**にある。

82 垂線の作図①

p.87

解答

1 (1)

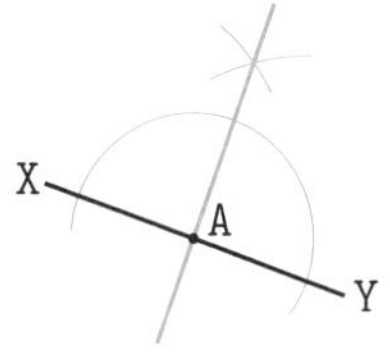

(2)

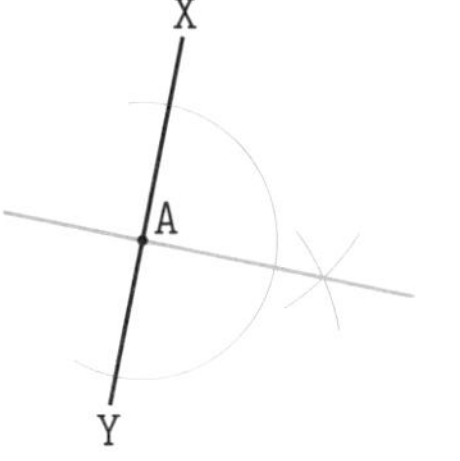

2 (1)

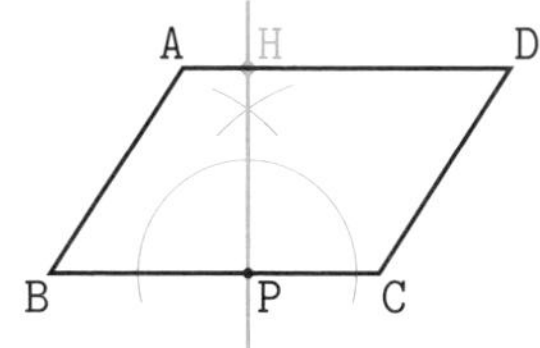

(2)

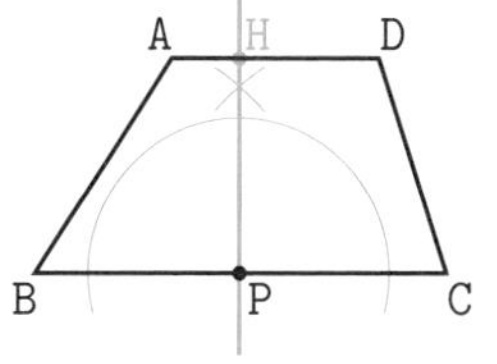

解き方

2 (1) 点Pを通り，直線BCに垂直な直線とADとの交点がHとなる。

(2) 点Pを通り，直線BCに垂直な直線とADとの交点がHとなる。

ポイント

点Aを通り，XYに垂直な直線は，∠XAYの二等分線と考えることもできる。

83 垂線の作図②

p.88

解答

1 (1)

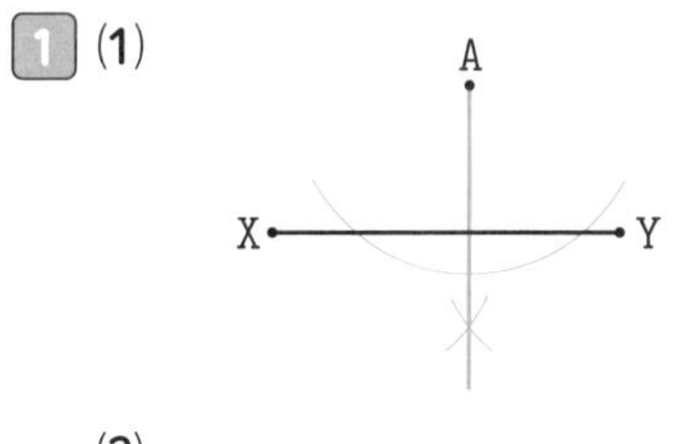

(2)

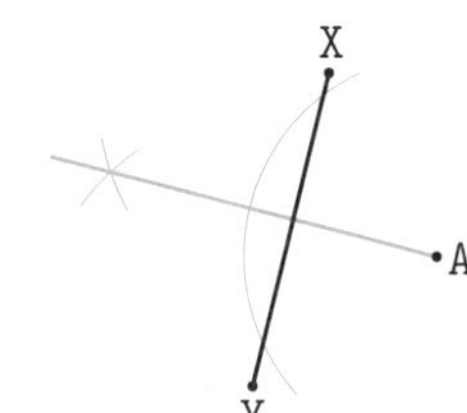

2 (1)

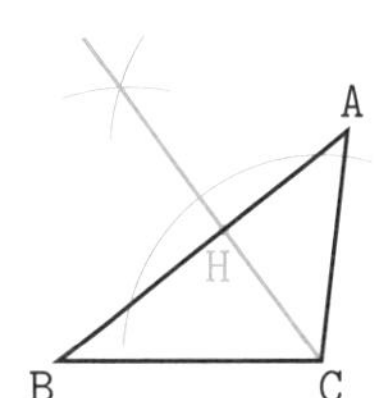

(2)

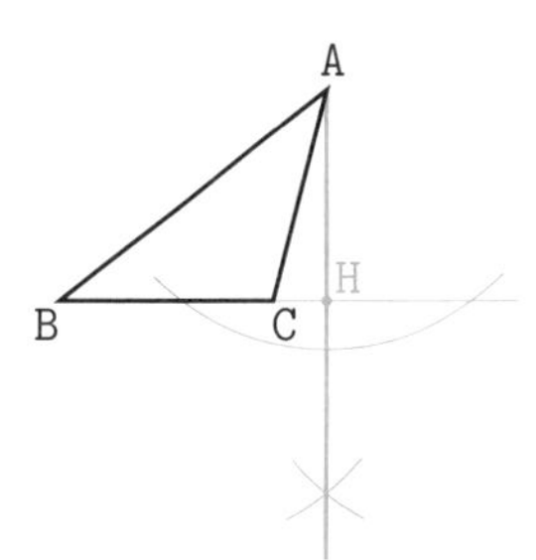

解き方

2 (1) 点Cを通り，直線ABに垂直な直線とABとの交点がHとなる。

(2) 辺BCを延長する。点Aを通り，直線BCに垂直な直線と直線BCとの交点がHとなる。

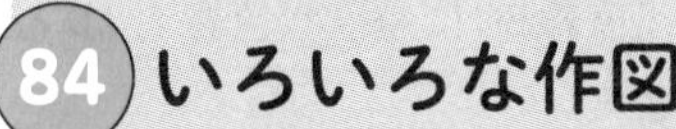

解答

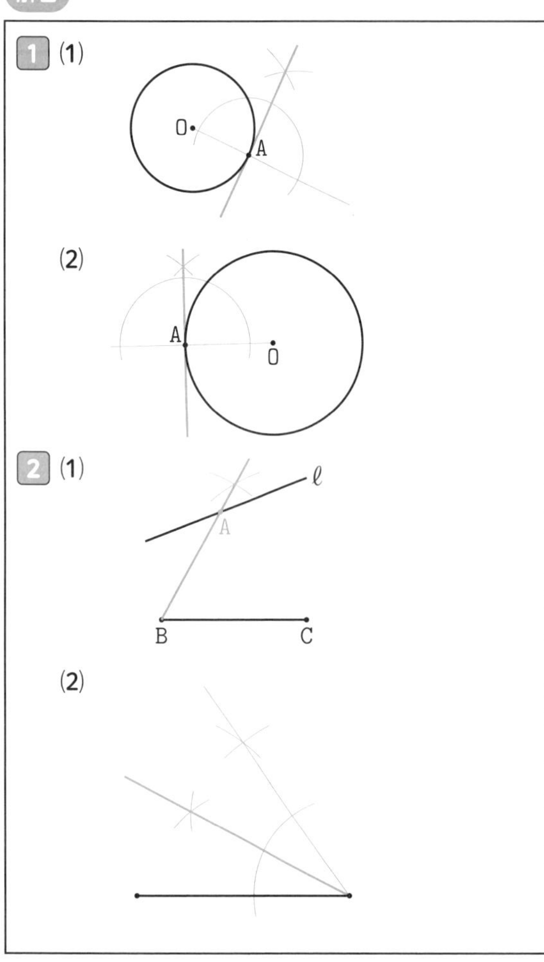

解き方

1 (1)(2) 直線OAをひき，点Aを通るOAの垂線がAを接点とする円Oの接線となる。

2 (1) 辺BCを1辺とする正三角形をかく。点B，Cをそれぞれ中心として，BCの長さを半径とする円をかき，その交点をDとすると半直線BDとℓとの交点がAとなる。

(2) 与えられている線分を1辺とする正三角形をかき，60°の角の二等分線を作図すると30°の角を作成することができる。

60°の角を作図するには，ある線分を1辺とする正三角形を作図する。また，この角の二等分線をひくことで，30°や15°の角を作図することができる。

45°の角を作図するには，ある直線の垂線をひき，直線と垂線からなる角の二等分線を作図する。

85 円とおうぎ形の性質 p.90

解答

1 (1) ㋙ (2) ㋛ (3) ㋖ (4) ㋔

2 (1) ∠AOC (2) 2倍

解き方

1 (1) 円周のAからBまでの曲線の部分なので，㋙

(3) $\overset{\frown}{BC}$の両端を結んだ線分なので，㋖

2 (1) OとA，OとCを結んでできる角が$\overset{\frown}{AC}$に対する中心角なので，∠AOC

(2) おうぎ形の弧の長さは中心角に比例することを利用する。$\overset{\frown}{AD}$をもつおうぎ形AODの中心角は∠AOD=120°であり，$\overset{\frown}{AB}$をもつおうぎ形AOBの中心角は∠AOB=60°であり，120÷60=2より，∠AODは∠AOBの2倍であることから，$\overset{\frown}{AD}$は$\overset{\frown}{AB}$の2倍となる。

ポイント

円周上に2点P，Qをとるとき，円周のPからQまでの部分を，**弧**PQといい，$\overset{\frown}{PQ}$と表す。また，$\overset{\frown}{PQ}$の両端の点を結んだ線分を，**弦**PQという。

円の中心Oと円周上の2点P，Qを結んでできた角が$\overset{\frown}{PQ}$に対する**中心角**であり，∠POQと表す。

1つの円では，おうぎ形の弧の長さや面積は，中心角に比例する。

86 おうぎ形の計量① p.91

解答

1 (1)　16π cm　(2)　64π cm^2
2 (1)①　2π cm　②　8π cm^2
　(2)①　4π cm　②　12π cm^2
　(3)①　8π cm　②　40π cm^2

解き方

2 (1)①　$\ell=2\pi\times8\times\frac{45}{360}=2\pi$(cm)

②　$S=\pi\times8^2\times\frac{45}{360}=8\pi$(cm^2)

ポイント

おうぎ形の半径をr，中心角をa°とすると，おうぎ形の弧の長さ$\ell=2\pi r\times\frac{a}{360}$であり，おうぎ形の面積$S=\pi r^2\times\frac{a}{360}$である。

87 おうぎ形の計量② p.92

解答

1 (1)　30°　(2)　45°　(3)　180°
　(4)　225°
2 (1)①　90°　②　16π cm^2
　(2)①　120°　②　48π cm^2

解き方

1 (1)　半径6cmの円周の長さは$2\pi\times6=12\pi$(cm)であり，中心角の大きさをx°とすると，$\pi:12\pi=x:360$が成り立つ。これを解くと，$12\pi\times x=\pi\times360$
$x=30$より，30°

（別解）　おうぎ形の弧の長さの公式を使う。
中心角の大きさをx°とすると，

$\pi=2\pi\times6\times\frac{x}{360}$

これを解くと，$x=30$

2 (1)①　半径8cmの円周の長さは$2\pi\times8=16\pi$(cm)であり，中心角の大きさをx°とすると，$4\pi:16\pi=x:360$が成り立つ。これを解くと，$16\pi\times x=4\pi\times360$
$x=90$より，90°

②　①より，$S=\pi\times8^2\times\frac{90}{360}=16\pi$(cm^2)

（別解）　下のポイントを使うと，

$S=\frac{1}{2}\times4\pi\times8=16\pi$(cm^2)

ポイント

半径の等しい円とおうぎ形では，
(おうぎ形の弧の長さ)：(円周の長さ)
=(中心角の大きさ)：360が成り立つ。
半径r，弧の長さℓのおうぎ形の面積をSとすると，$S=\frac{1}{2}\ell r$

88 いろいろな図形の計量 p.93

解答

1 (1)　12π cm　(2)　$4\pi+6$(cm)
2 (1)　$4\pi-8$(cm^2)　(2)　$64\pi-128$(cm^2)

解き方

1 (1)

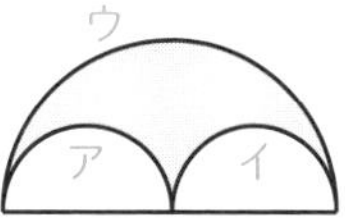

アとイについて
直径が6cmの半円の弧なので，

ア＝イ$=6\pi\times\frac{1}{2}=3\pi$(cm)

ウについて
直径が12cmの半円の弧なので，

$12\pi\times\frac{1}{2}=6\pi$(cm)

よって，ア＋イ＋ウ
$=3\pi+6\pi+3\pi=12\pi$(cm)

(2)

C
ア　ウ
A　イ　B

△ABCは正三角形より，

$\angle CAB = \angle CBA = 60°$

アとウについて半径が6cm，中心角が60°のおうぎ形の弧の長さだから

$ア = ウ = 2\pi \times 6 \times \frac{60}{360} = 2\pi$(cm)

よって，ア＋イ＋ウ

$= 2\pi + 6 + 2\pi = 4\pi + 6$(cm)

2 (1)

4cm ＝ 4cm － 4cm

$= \left(\pi \times 4^2 \times \frac{90}{360}\right) - \left(\frac{1}{2} \times 4 \times 4\right)$

$= 4\pi - 8$(cm²)

(2)

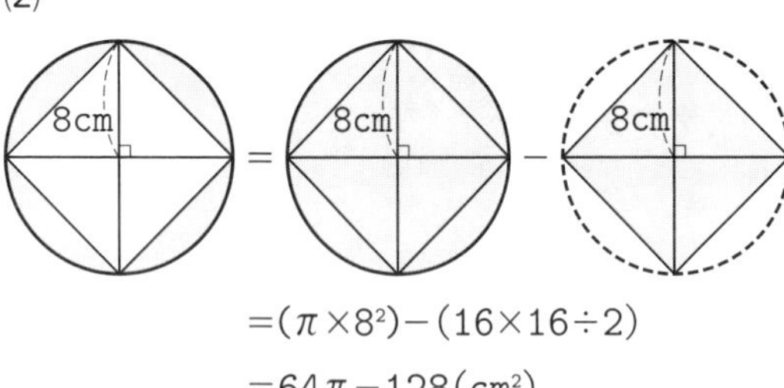

$= (\pi \times 8^2) - (16 \times 16 \div 2)$

$= 64\pi - 128$(cm²)

6章　空間図形

89 いろいろな立体

p.94

解答

1 (1) **円柱** (2) **五角錐** (3) **球**
2 (1) **四角柱** (2) **六面体**
3 (1) **三角錐** (2) **四面体**

解き方

1 (1) 底面が円の柱体なので，円柱
(2) 底面が五角形の錐体なので，五角錐
(3) どこから見ても円になるのは，球

2 (1) 底面が四角形の柱体なので，四角柱
(2) 底面は2つ，側面は4つあるので，面の数は2+4=6だから，六面体

3 (1) 底面が三角形の錐体なので，三角錐
(2) 底面は1つ，側面は3つあるので，面の数は1+3=4だから，四面体

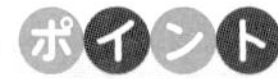

平面だけで囲まれた立体を多面体といい，面の数がnのとき，n面体という。

90 直線や平面の位置関係①

p.95

解答

1 (1) **直線AB，AD，EF，EH**
(2) **直線BF，CG，DH**
(3) **直線BC，CD，FG，HG** (4) **直線DH**
2 (1) **直線AD，CF** (2) **直線DF**
(3) **直線BE，DE，EF** (4) **直線EF**

解き方

1 (1) 直線AEと交わる直線を選ぶと，直線AB，AD，EF，EH
(2) 直線AEと同じ平面上にあり，交わらないものを選ぶ。直線AEとBFは面AEFB上にあり，交わらない。直線AEとCGは面AEGC上にあり，交わらない。直線AEとDHは面AEHD上にあり，交わらない。よって，直線BF，CG，DH
(3) 直線AEと平行でなく，交わらないものを選ぶ。(1)，(2)より，直線BC，CD，FG，HG
(4) 直線AEと平行な直線は，(2)より直線BF，CG，DH…①であり，直線EHと垂直な直線は，直線AE，EF，DH，HG…②だから，①と②より，直線DH

ポイント

空間内の2直線が交わり，できる角が直角のとき，その2直線は垂直である。
空間内の2直線が同じ平面上にあり，交わらないとき，その2直線は平行である。
空間内の2直線が，平行でなく，交わらないとき，その2直線は，**ねじれの位置**にある。

91 直線や平面の位置関係②

p.96

解答

1 (1) 直線AD，EH，FG，BC
(2) 直線DH，HG，CG，CD
(3) 面ABCD，BFGC，EFGH，AEHD
(4) 面DHGC

2 (1) 直線AD，BE，CF
(2) 直線DE，EF，FD
(3) 面ADEB，BEFC，ADFC (4) 面DEF

解き方

1 (1) 面AEFBと直線ADは，点Aで交わっていて，AB⊥AD，AE⊥ADなので，面AEFBと直線ADは垂直。同様に考えると，面AEFBと垂直な直線は，直線AD，EH，FG，BC

(2) 面AEFBと交わらない直線を選ぶと，直線DH，HG，CG，CD

(3) (1)より面AEFBと直線ADは垂直であり，面ABCDと面AEHDは直線ADをふくんでいるので，面AEFBと垂直な面は面ABCD，AEHDである。(1)より面AEFBと直線FGは垂直であり，面BFGCと面EFGHは直線FGをふくんでいるので，面AEFBと垂直な面は面BFGC，EFGHである。

(4) 面AEFBと交わらない面は，面DHGC

ポイント

直線ℓが平面Pと点Aで交わっていて，点Aを通る平面P上のすべての直線と垂直であるとき，直線ℓと平面Pは垂直であるという。
直線ℓと平面Pが交わらないとき，直線ℓと平面Pは平行であるという。
平面PとQが交わっていて，平面Qが平面Pに垂直な直線ℓをふくんでいるとき，2つの平面P，Qは垂直であるという。
2つの平面P，Qが交わらないとき，平面P，Qは平行であるという。

92 回転体

p.97

解答

1 (1) 円錐 (2) 球 (3) 円柱
2 (1) ㋐ (2) ㋓

解き方

1 回転させてできた図は以下の図である。

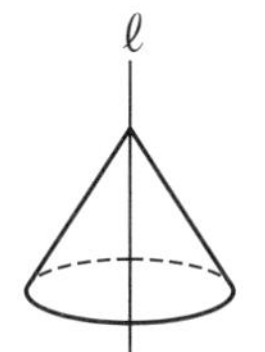

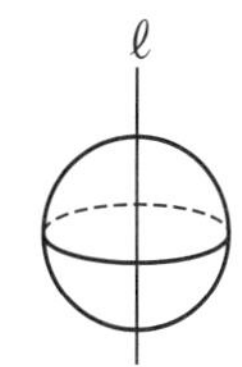

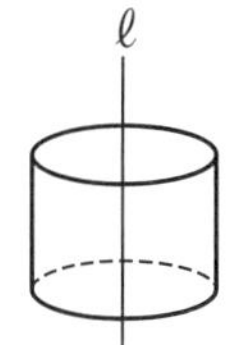

2 ㋐～㋓を回転させてできた図は以下の図である。

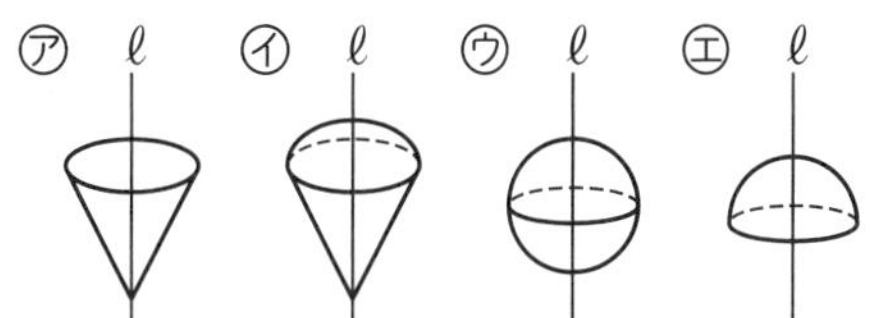

93 展開図

p.98

解答

1 (1) 円錐 (2) 円柱 (3) 三角錐
2 (1) 四角柱 (2) 辺GF (3) 点L
(4) 点C，K

解き方

1 組み立てた図は以下の図である。

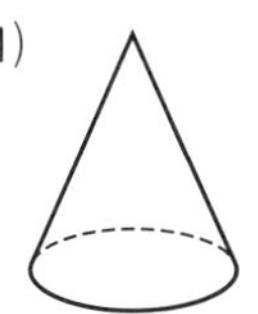

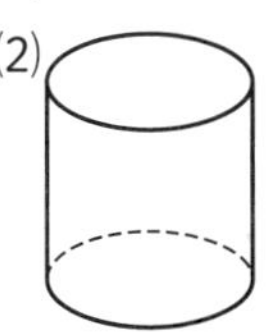

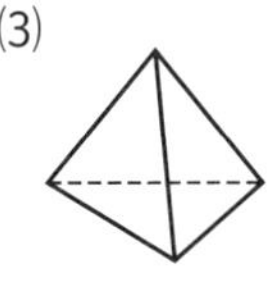

2 (1) 底面が四角形で，側面が長方形なので，四角柱

(2)(3)(4) 組み立てた図は以下の図である。

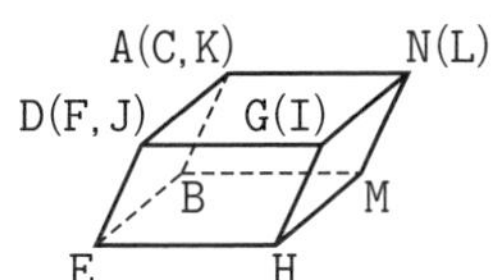

柱体の側面は長方形である。
角錐の側面はそれぞれ三角形である。
円錐の側面はおうぎ形である。

94 投影図

p.99

解答

1 (1) 円柱 (2) 四角錐 (3) 円錐
(4) 三角錐 (5) 球
2 直方体，円柱

解き方

投影図から立体は以下の図である。

1 (1)

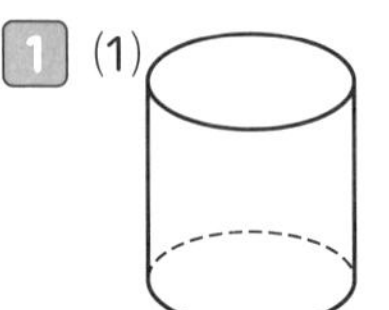

(2)

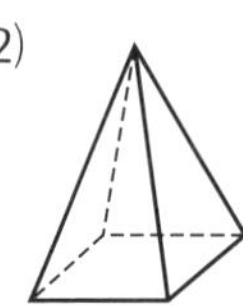

(3)

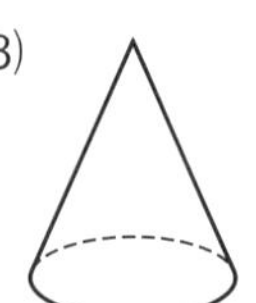

(4)

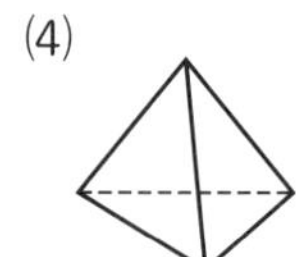

(5)

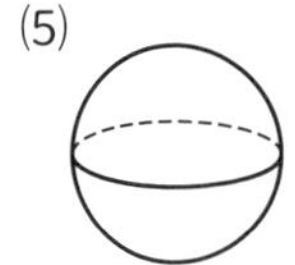

2

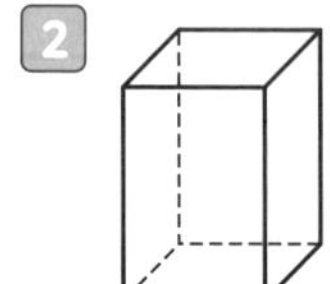

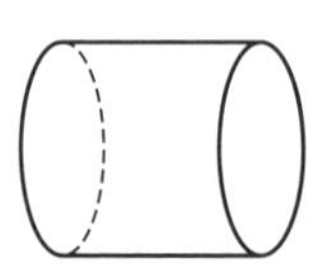

ポイント

柱体の立面図は，長方形である。
錐体の立面図は，三角形である。
球は，立面図も平面図も円である。

95 柱体の体積

p.100

解答

1 (1) $112\,\mathrm{cm}^3$ (2) $42\,\mathrm{cm}^3$ (3) $140\,\mathrm{cm}^3$
(4) $100\pi\,\mathrm{cm}^3$

解き方

1 (1) 底面積は長方形で，$S=8\times7=56(\mathrm{cm}^2)$であり，高さは2cmであるから，
体積は $V=Sh=56\times2=112(\mathrm{cm}^3)$

(2) 底面積は三角形で，$S=\frac{1}{2}\times3\times4=6(\mathrm{cm}^2)$であり，高さは7cmであるから，
体積は $V=Sh=6\times7=42(\mathrm{cm}^3)$

(3) 底面積は台形で，
$S=\frac{1}{2}\times(2+5)\times4=14(\mathrm{cm}^2)$であり，
高さは10cmであるから，体積は
$V=Sh=14\times10=140(\mathrm{cm}^3)$

(4) 底面積は円で，$S=\pi\times5^2=25\pi(\mathrm{cm}^2)$であり，高さは4cmであるから，
体積は $V=Sh=25\pi\times4=100\pi(\mathrm{cm}^3)$

ポイント

角柱，円柱の底面積をS，高さをh，体積をVとすると，$V=Sh$

96 錐体の体積

p.101

解答

1 (1) $\frac{20}{3}\,\mathrm{cm}^3$ (2) $\frac{56}{3}\,\mathrm{cm}^3$
2 (1) $75\pi\,\mathrm{cm}^3$ (2) $21\pi\,\mathrm{cm}^3$

解き方

1 (1) 底面積は正方形で，$S=2^2=4(\mathrm{cm}^2)$であり，高さは5cmであるから，体積は
$V=\frac{1}{3}Sh=\frac{1}{3}\times4\times5=\frac{20}{3}(\mathrm{cm}^3)$

(2) 底面積は$14\,\mathrm{cm}^2$であり，高さは4cmであるから，体積は
$V=\frac{1}{3}Sh=\frac{1}{3}\times14\times4=\frac{56}{3}(\mathrm{cm}^3)$

2 (1) 底面積は円で，$S=\pi\times5^2=25\pi(\mathrm{cm}^2)$であり，高さは9cmであるから，体積は
$V=\frac{1}{3}Sh=\frac{1}{3}\times25\pi\times9=75\pi(\mathrm{cm}^3)$

(2) 底面積は円で，半径は$6\div2=3(\mathrm{cm})$より，
$S=\pi\times3^2=9\pi(\mathrm{cm}^2)$であり，高さは7cmで

あるから，体積は

$V=\frac{1}{3}Sh=\frac{1}{3}\times9\pi\times7=21\pi\,(\text{cm}^3)$

ポイント

角錐，円錐の底面積を S，高さを h，体積を V とすると，$V=\frac{1}{3}Sh$

97 角柱・角錐の表面積

p.102

解答

1 (1) 84 cm² (2) 6 cm² (3) 96 cm²
2 188 cm²
3 (1) 96 cm² (2) 36 cm² (3) 132 cm²
4 (1) 240 cm² (2) 100 cm² (3) 340 cm²

解き方

1 (1) 側面積は，縦の長さが7 cm，横の長さが $3+4+5=12$(cm)の長方形と考えることができるので，$7\times12=84(\text{cm}^2)$

(2) 底面は三角形で，$S=\frac{1}{2}\times3\times4=6(\text{cm}^2)$

(3) 角柱の表面積は，(底面積)×2+(側面積)
$=6\times2+84=96(\text{cm}^2)$

2 底面は台形で，底面積

$S=\frac{1}{2}\times(2+5)\times4=14(\text{cm}^2)$

側面積は，縦の長さが10 cm，横の長さが $5+5+4+2=16$(cm)の長方形と考えることができるので，$10\times16=160(\text{cm}^2)$

(角柱の表面積)＝(底面積)×2+(側面積)
$=14\times2+160=188(\text{cm}^2)$

3 (1) 側面は，二等辺三角形であり，面積は，

$\frac{1}{2}\times6\times8=24(\text{cm}^2)$だから，側面積は二等辺三角形が4つ分なので，$24\times4=96(\text{cm}^2)$

(2) 底面は正方形なので，$6\times6=36(\text{cm}^2)$

(3) 角錐の表面積は，
(底面積)+(側面積)$=36+96=132(\text{cm}^2)$

ポイント

角柱の表面積は，(底面積)×2+(側面積)
角錐の表面積は，(底面積)+(側面積)

98 円柱・円錐の表面積

p.103

解答

1 (1) 80π cm² (2) 16π cm² (3) 112π cm²
2 (1) 27π cm² (2) 9π cm² (3) 36π cm²

解き方

1 (1) 側面の展開図は，長方形であり，長方形の縦の長さは円柱の高さ，横の長さは底面の円周の長さに等しくなるから，$10\times(\pi\times8)=80\pi\,(\text{cm}^2)$

4cm
10cm

(2) 底面積は半径が4 cmの円の面積なので，
$\pi\times4^2=16\pi\,(\text{cm}^2)$

(3) (円柱の表面積)＝(底面積)×2+(側面積)
$=16\pi\times2+80\pi=112\pi\,(\text{cm}^2)$

2 (1) 側面の展開図は，半径9 cmのおうぎ形であり，弧の長さは，底面の円周と等しくなり，
$2\pi\times3=6\pi$(cm)なので，

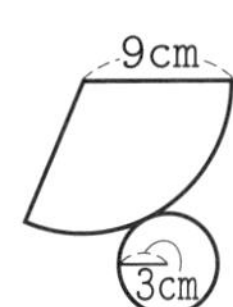

面積 $=\frac{1}{2}\times6\pi\times9=27\pi\,(\text{cm}^2)$

(2) 底面積は半径が3 cmの円なので，
$\pi\times3^2=9\pi\,(\text{cm}^2)$

(3) (円錐の表面積)＝(底面積)+(側面積)
$=9\pi+27\pi=36\pi\,(\text{cm}^2)$

ポイント

円柱の側面の展開図は，長方形であり，長方形の縦の長さは円柱の高さ，横の長さは底面の円周の長さに等しくなる。

99 球の体積・表面積

p.104

解答

1 (1) 体積：288π cm³　表面積：144π cm²

(2) 体積：$\dfrac{500}{3}\pi$ cm³　表面積：100π cm²

2 (1) 体積：18π cm³　表面積：27π cm²

(2) 体積：$\dfrac{16}{3}\pi$ cm³　表面積：12π cm²

解き方

1 (1) 半径が6 cmの球の体積 V は,

$V=\dfrac{4}{3}\pi r^3=\dfrac{4}{3}\pi\times6^3=288\pi\,(\text{cm}^3)$

表面積 S は,

$S=4\pi r^2=4\pi\times6^2=144\pi\,(\text{cm}^2)$

(2) 半径が5 cmの球の体積 V は,

$V=\dfrac{4}{3}\pi r^3=\dfrac{4}{3}\pi\times5^3=\dfrac{500}{3}\pi\,(\text{cm}^3)$

表面積 S は,

$S=4\pi r^2=4\pi\times5^2=100\pi\,(\text{cm}^2)$

2 (1) 半径が3 cmの半球の体積 V は,

$V=\dfrac{4}{3}\pi r^3\times\dfrac{1}{2}=\dfrac{4}{3}\pi\times3^3\times\dfrac{1}{2}=18\pi\,(\text{cm}^3)$

表面積 S は,

$S=4\pi r^2\times\dfrac{1}{2}+\pi r^2=4\pi\times3^2\times\dfrac{1}{2}+\pi\times3^2$

$=18\pi+9\pi=27\pi\,(\text{cm}^2)$

(2) 半径が2 cmの半球の体積 V は,

$V=\dfrac{4}{3}\pi r^3\times\dfrac{1}{2}=\dfrac{4}{3}\pi\times2^3\times\dfrac{1}{2}=\dfrac{16}{3}\pi\,(\text{cm}^3)$

表面積 S は,

$S=4\pi r^2\times\dfrac{1}{2}+\pi r^2=4\pi\times2^2\times\dfrac{1}{2}+\pi\times2^2$

$=8\pi+4\pi=12\pi\,(\text{cm}^2)$

ポイント

球の半径を r とすると,

球の体積 V は, $V=\dfrac{4}{3}\pi r^3$ であり,

球の表面積 S は, $S=4\pi r^2$ である。

100 複雑な形の立体の体積・表面積

p.105

解答

1 (1) 21π cm³　(2) 48π cm³

2 (1) 120π cm²　(2) 132π cm²

解き方

1 (1) この立体の体積は,

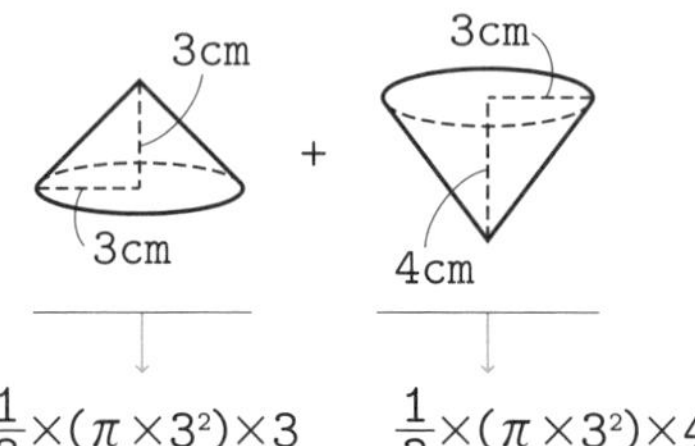

$\dfrac{1}{3}\times(\pi\times3^2)\times3$　　$\dfrac{1}{3}\times(\pi\times3^2)\times4$

よって，この立体の体積は,

$\dfrac{1}{3}\times(\pi\times3^2)\times3+\dfrac{1}{3}\times(\pi\times3^2)\times4$

$=9\pi+12\pi=21\pi\,(\text{cm}^3)$

(2) この立体の体積は,

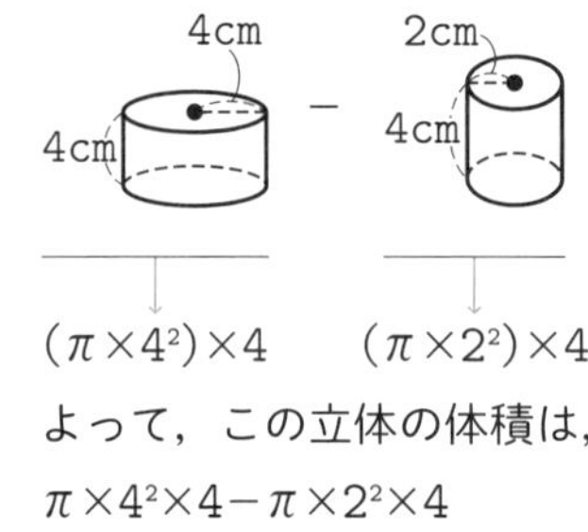

$(\pi\times4^2)\times4$　　$(\pi\times2^2)\times4$

よって，この立体の体積は,

$\pi\times4^2\times4-\pi\times2^2\times4$

$=64\pi-16\pi=48\pi\,(\text{cm}^3)$

2 (1) この立体の表面積は,

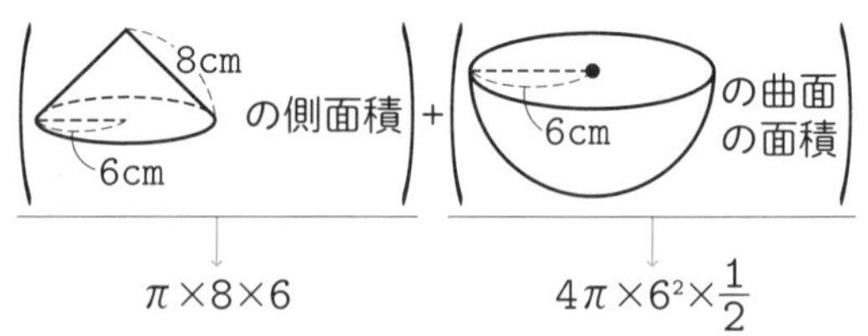

$\pi\times8\times6$　　$4\pi\times6^2\times\dfrac{1}{2}$

よって，この立体の表面積は,

$\pi\times8\times6+4\pi\times6^2\times\dfrac{1}{2}$

$=48\pi+72\pi=120\pi\,(\text{cm}^2)$

(2)　この立体の表面積は，

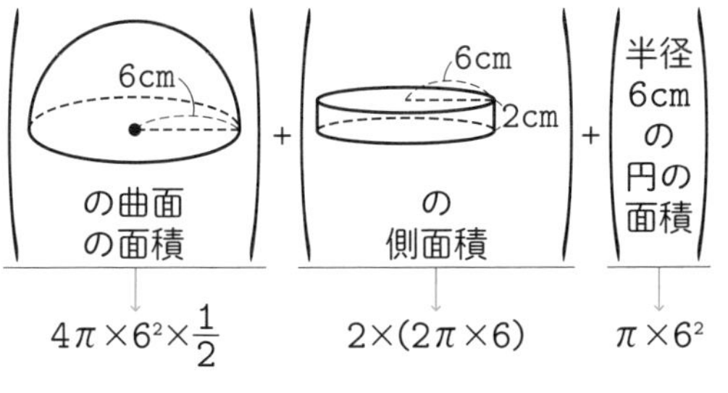

$4\pi\times6^2\times\frac{1}{2}$　　$2\times(2\pi\times6)$　　$\pi\times6^2$

よって，この立体の表面積は，

$4\pi\times6^2\times\frac{1}{2}+2\times(2\pi\times6)+\pi\times6^2$

$=72\pi+24\pi+36\pi=132\pi\,(\mathrm{cm}^2)$

101 データの活用①

p.106

解答

1 (1)　1.3秒

(2)　㋐…0　㋑…2　㋒…7
　　㋓…2　㋔…1　㋕…12

(3)　0.5秒

(4)　㋖…0　㋗…2　㋘…9
　　㋙…11　㋚…12

(5)　バスケットボール部

解き方

1 (3)　6.5−6.0＝0.5より階級の幅は0.5秒

(4)　㋖＝㋐＝0，㋗＝㋖＋㋑＝0＋2＝2，
㋘＝㋗＋㋒＝2＋7＝9，㋙＝㋘＋㋓
＝9＋2＝11，㋚＝㋙＋㋔＝11＋1
＝12

(5)　7.0秒以上7.5秒未満の階級の累積度数で比べる。例題1の度数分布表について，7.0秒以上7.5秒未満の階級の累積度数は7人であり，(3)より7.0秒以上7.5秒未満の階級の累積度数は9人であるから，7.5秒未満の人数が多いのは，バスケットボール部

ポイント

度数分布表に表すときに，たとえば，6.5秒のデータは6.5秒以上7.0秒未満の階級にふくまれることに注意。

102 データの活用②

p.107

解答

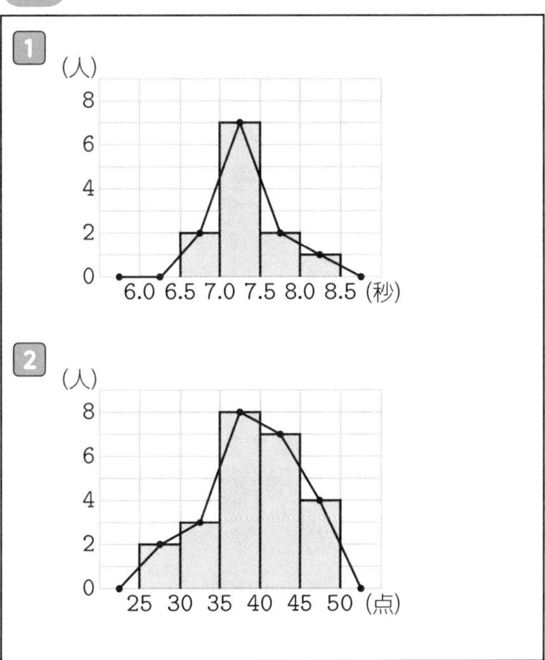

解き方

1 (1)　階級の幅を横，度数を縦とする長方形で表す。

(2)　ヒストグラムの1つ1つの長方形の上の辺の中点を順に線分で結ぶ。
ただし，両端では度数0の階級があるものと考えて，線分を横軸までのばす。

2 (1)　階級の幅を横，度数を縦とする長方形で表す。

(2)　ヒストグラムの1つ1つの長方形の上の辺の中点を順に線分で結ぶ。
ただし，両端では度数0の階級があるものと考えて，線分を横軸までのばす。

ポイント

ヒストグラムは，階級の幅を横，度数を縦とする長方形で表す。
度数折れ線は，ヒストグラムの1つ1つの長方形の上の辺の中点を順に結ぶ。このとき，度数折れ線の両端では，度数0の階級があるものと考えて，線分を横軸までのばすことに注意。

103 データの活用③

p.108

解答

1 (1) 12.5点 (2) 7.5点
(3) 5点以上10点未満

2 (1) 2.5点 (2) 17.5点
(3) 10点以上15点未満

解き方

1 (1) 10点以上15点未満の階級の階級値は，
$\frac{10+15}{2}=12.5$(点)

(2) 度数のもっとも多い階級は，7人の5点以上10点未満の階級であり，その階級の階級値が度数分布表の最頻値となるので，
$\frac{5+10}{2}=7.5$(点)

(3) B組の19人の中央値は小さい方から10番目の値であり，3+7=10(人)より，中央値がふくまれる階級は5点以上10点未満の階級

2 (3) C組の18人の中央値は小さい方から9番目と10番目の値の平均値であり，
3+5=8(人)，8+4=12(人)より，中央値がふくまれる階級は10点以上15点未満の階級

ポイント

度数分布表で，それぞれの階級の真ん中の値を階級値という。
度数分布表では，度数のもっとも多い階級の階級値を最頻値として用いる。

104 データの活用④

p.109

解答

1 (1) ㋐…0.30 ㋑…0.25 ㋒…0.35
㋓…0.10 ㋔…1.00
(2) ㋕…0.30 ㋖…0.55 ㋗…0.90
㋘…1.00

2 (1) ㋐…0.1 ㋑…0.5 ㋒…0.3 ㋓…0.1
㋔…1.0
(2) ㋕…0.1 ㋖…0.6 ㋗…0.9 ㋘…1.0

解き方

1 (1) ㋐は，6÷20=0.30，㋑は，5÷20=0.25，㋒は，7÷20=0.35，㋓は，2÷20=0.10，㋔は，20÷20=1.00となる。

(2) ㋕=㋐=0.30，㋖=㋕+㋑=0.30+0.25=0.55，㋗=㋖+㋒=0.55+0.35=0.90，㋘=㋗+㋓=0.90+0.10=1.00

ポイント

それぞれの階級の度数の，全体に対する割合を，その階級の相対度数といい，
相対度数$=\frac{\text{階級の度数}}{\text{度数の合計}}$で求める。

105 データの活用⑤

p.110

解答

1 (1) ㋐…60 ㋑…90 ㋒…100 ㋓…210
㋔…360 ㋕…820
(2) 46分

2 (1) ㋐…40 ㋑…90 ㋒…200 ㋓…280
㋔…270 ㋕…880
(2) 49分

解き方

1 (1) ㋐は，10×6=60，㋑は，30×3=90，㋒は，50×2=100，㋓は，70×3=210，㋔は，90×4=360，㋕は，㋐～㋔の合計なので，60+90+100+210+360=820

(2) (1)より度数分布表の平均値は，㋕の値を人数でわることで求めることができる。よって，820÷18=45.5…より，46分

ポイント

度数分布表から平均値を求めるときには1つの階級に入っているデータの値は，すべてその階級の階級値であると考えます。

106 ことがらの起こりやすさ

p.111

解答

1 (1) ㋐…0.14 ㋑…0.15 ㋒…0.16
㋓…0.17 ㋔…0.17 (2) 0.2

2 (1) ㋐…0.48 ㋑…0.47 ㋒…0.51
㋓…0.50 ㋔…0.50 (2) 0.5

解き方

1 (1) ㋐は，28÷200=0.14，㋑は，60÷400=0.15，㋒は，97÷600=0.161…より，0.16，㋓は，135÷800=0.168より，0.17，㋔は，167÷1000=0.167より，0.17

(2) (1)の結果から，相対度数が0.17に近づいているので，小数第一位までの値で考えると，0.17→0.2となるから，確率は0.2と考えられる。